RECOGNIZING CATASTROPHIC INCIDENT WARNING SIGNS IN THE PROCESS INDUSTRIES

工业过程中
灾难性事故的预警信号

美国化学工程师协会化工过程安全中心 著
(CENTER FOR CHEMICAL PROCESS SAFETY OF THE AMERICAN INSTITUTE OF CHEMICAL ENGINEERS)

王艳芳　张晓华　陈春燕　鲁　旭 译

化学工业出版社
·北京·

《工业过程中灾难性事故的预警信号》给出了事故预警信号的特点、识别和对事故征兆的应对措施，并对一系列值得关注的预警信号进行了分类。旨在事故发生前帮助企业员工避免事故和伤害的发生。事故预警信号包括生产过程偏差或者故障、仪表的报警、历史操作数据和其他不正常的操作，还包括设备腐蚀情况、异常气味、程序不正确和一些其他方面。本书图文并茂，可使读者全面了解企业中的各种危险征兆，并给出处理方法及措施，将事故消灭在萌芽中，以实现“安全第一，预防为主”的安全理念。

《工业过程中灾难性事故的预警信号》既可用于过程安全管理（PSM）人员评估反应过程和 PSM 系统，也可用于企业安全管理、技术人员阅读，还作为企业一线工人培训用书，同时可供高等院校相关专业师生参考阅读。

Recognizing Catastrophic Incident Warning Signs In The Process Industries>/by<CENTER FOR CHEMICAL PROCESS SAFETY of the AMERICAN INSTITUTE OF CHEMICAL ENGINEERS

ISBN978-0-470-76774-0>

图书在版编目（CIP）数据

工业过程中灾难性事故的预警信号/美国化学工程师协会化工过程安全中心著；王艳芳等译．—北京：化学工业出版社，2018.2（2022.7 重印）

书名原文：Recognizing Catastrophic Incident Warning Signs in the Process Industries

ISBN 978-7-122-31014-9

Ⅰ.①工… Ⅱ.①美…②王… Ⅲ.①化工生产-事故预防 Ⅳ.①TQ086.3

中国版本图书馆 CIP 数据核字（2017）第 281675 号

责任编辑：高　震　杜进祥　　　　装帧设计：韩　飞

责任校对：宋　夏

出版发行：化学工业出版社（北京市东城区青年湖南街 13 号　邮政编码 100011）

印　　装：北京虎彩文化传播有限公司

710mm×1000mm　1/16　印张 12　字数 222 千字　2022 年 7 月北京第 1 版第 5 次印刷

购书咨询：010-64518888　　　　售后服务：010-64518899

网　　址：http://www.cip.com.cn

凡购买本书，如有缺损质量问题，本社销售中心负责调换。

定　　价：78.00 元

译者的话

回顾灾难性事件，对于预防化工安全事故有极其重要的参考价值。经过研究发现，灾难性事件发生之前都无一例外出现过预警信号。然而，令我们遗憾的是，有的预警信号尚未被识别，有的预警信号虽然被识别到了，但是由于管理系统的缺陷而被忽略，或是没有积极地应对，最终导致不可挽回的后果。因此，如何识别预警信号、降低灾难性事件的风险已经成为国内外化工行业各级从业人员、化工安全研究人员以及监管部门的一个严峻挑战。本书的译者希望通过引进和翻译这本由美国化学工程师协会化工过程安全中心（CCPS）编著的《工业过程中灾难性事故的预警信号》，使国内同行能提高对自身涉及的预警信号的警觉与应对能力，降低灾难性事件发生的风险，使我们的工作人员和可能受影响的每个人都能安全并免受伤害。此书的益处不仅限于我们对过程安全管理系统的自我审视，它还包含许多“过程安全的灾难性事件”的重要经验教训，能帮助开拓我们的视野，迎接当今的挑战，促进我国石油、化工等行业的安全发展。

本书的翻译，得到了许多单位老师和同仁的帮助。此书的出版还得到了华东理工大学化工学院的李涛教授的鼎力支持。沙特基础工业公司的王艳芳负责第九、十和十一章的翻译工作以及第二、五章的初次校对工作。中石化青岛安全工程研究院的张晓华负责第一章的翻译工作以及第三、六章的初次校对工作。沙特基础工业公司的陈春燕负责第五、七和八章的翻译工作以及第九，十一章和前言、序言等初次校对工作和所有内容的复审校对。原沙特基础工业公司的鲁旭负责前言、序、第六章的翻译工作以及第一、四和十二章的初次校对工作。第二、三章的部分由沙特基础工业公司的黄颖华翻译。第四章由中石化青岛安全工程研究院的李焕翻译。第七、十二章由中石化青岛安全工程研究院的李千登翻译。沙特基础工业公司的程进负责本书多个章节的复审校对。华东理工大学资源与环境工程学院的张安琪对全文的编辑花费了很多时间和精力。

本书的出版得到了上海市研究生教育项目资助。此书的稿酬将捐赠到华东理工大学教育发展基金会用于补助困难大学生。本书的翻译占用了诸位许多本应该陪伴家人的时间，在此谨向上述所有参与此书翻译工作的译者、校对者和支持者致谢，感谢你们志愿为石油化工过程安全发展的一份努力。

由于译者水平有限，书中内容虽经反复推敲，但恐仍有不足之处，敬请读者批评指正。

王艳芳

2017 年 5 月

序言

2010年墨西哥湾马康多（Macondo）油井漏油事件是这本书的经典案例。在此次事故发生之前，已经有了许多预警信号，一些预警信号很微弱，但是一些预警信号完全可以清楚地被察觉。令人震惊的是在井喷前的几个小时内，油井明确发出了尚未完全密封的预警信号，这些预警信号也被忽视了。因为对于已经将此现象常态化的人们，要么基于完成工作而忽视这一预警信号，要么就根本没有给予关注。在事发地几小时前，出现了一些其他的异常现象，这些异常现象的意义在当时并不清晰，但现在回想起来，可能是哪里出错了。因没有充分考虑到这一预警信号的影响，使得预警信号被忽视了。

预警信号有时可以当做安全指标的基础。例如，油井不稳定性这一事件（通常称为反冲）是一个危险预警，而此类事件的数量可能作为安全指标的基础。然而，在墨西哥湾，油井良好的完整性不被当做是安全指标，因此也未制定这一安全指标。在保障重大危险源方面的安全取决于这些指标的制定，并将这些指标纳入管理系统。

本书对一系列值得关注的预警信号进行了分类。对于寻求开发关键绩效指标（KPI）的人员来说，这是一个非常有用的资源，因为它能有效地管理重大事故隐患。本书还讨论了些预警信号常常被忽视的原因，以及如何行动以确保我们给予这些预警信号适当的关注。因此，它是危险行业安全文献的重要补充。

安德鲁·霍普金斯（Andrew Hopkins）

澳大利亚国立大学社会学名誉教授

2011年3月

前言

四十多年来，美国化学工程师协会（AIChE）一直积极致力于化工及同类工业的过程安全和损失控制的研究。通过与工艺设计人员、施工人员、操作人员、安全专业人员以及学术界人士强强联合，AIChE在增强交流的同时，也不断地提高了工业安全标准。AIChE的出版刊物和学术研讨会已经成为致力于过程安全与环境保护专业人士的重要信息资源。

在墨西哥的墨西哥城以及印度的博帕尔发生化工灾难性事故后，AIChE于1985年成立了化工过程安全中心（CCPS)。CCPS被授权制定并推广应用于预防灾难性化工事故的技术信息。该中心获得超过135个化学工业（CPI）赞助商支持，他们为该中心的技术委员会提供必要的资金和专业指导。CCPS工作的主要成果是为实施过程安全和风险管理体系各个组成部分的人员提供一系列指南性和概念性书籍。本书是该系列图书之一。

CCPS技术委员会撰写这些概念性和指南性一系列图书，来帮助企业应对挑战。本书包含了持续改进过程安全管理系统的方法，以及建立必要的安全文化的方法。本书配套的网络文件包含了一些资料和辅助信息。

过程安全旨在保护员工和公众生命，应获得公司的关注、投资、审查的程度应等同于公司的财物控制。

卡罗琳·梅里特（Carolyn Merritt，1947—2008)
美国化学安全与危害调查委员会前主席

衷心希望本书所提供的内容能使整个行业有更加良好的安全记录。然而，无论是美国化学工程师协会的工程师或其顾问、CCPS技术指导委员会和小组委员会的成员或他们的雇主，雇主的高级职员和董事，还是AEI（AntiEntropics，Inc.）及其雇员，都不保证或明示或暗示本书内容的正确性或准确性。在（1）美国化学工程师协会或其研究所顾问，CCPS技术指导委员会和小组委员会的成员，他们的雇主、雇主的高级职员和董事，以及AEI公司及其雇员，与（2）本书的用户之中，用户承担任何法律责任或任何由于其使用或滥用的后果。

英文版致谢

美国化学工程师协会（AIChE）在此希望对化学过程安全中心（CCPS）以及本书创作人员，包括为本书提供资金的赞助人员以及构想并支持本书的技术指导委员会成员表示感谢。在此特别感谢与 AntiEntropics 公司紧密合作的 CCPS 事故预警小组委员会，他们的敬业精神、专业贡献和饱满的热情为 CCPS 系列书籍增添新的有益补充。CCPS 在此也希望表达对小组委员会成员所属公司对其参与项目的支持表示感谢。

事故预警信号小组委员会主席是 BP 公司的 Joyce Becker 和美国道达尔公司的 Ronald Rhodes。CCPS 的项目经理是 Brian Kelly。CCPS 事故预警信号小组委员会成员有：

- Steve Arendt — *ABS Consulting*
- Todd Aukerman — *LANXESS Corporation*
- Larry Bowler — *SABIC Americas, Inc.*
- Michael Boyd — *Husky Energy*
- Owen Chappel — *BP*
- Robert Fischer — *Total Petrochemicals USA, Inc.*
- Kevin He — *Dow Corning Corporation*
- John Herber — *CCPS Emeritus*
- James Klein — *DuPont*
- David Lewis — *Occidental Chemical Corporation*
- Kevin MacDougall — *Husky Energy*
- Doug Morrison — *Nexen Inc.*
- John Murphy — *CCPS Emeritus*
- Charles Pacella — *Baker Engineering and Risk Consultants, Inc.*
- Fred Simmons — *Savannah River Nuclear Solutions, LLC*
- Jim Slaugh — *LyondellBasell Industries*

AntiEntropics 公司的总裁 Robert Walter 是这本书的主要作者。AntiEntropics 公司的 Sandra A. Baker 负责编辑。AntiEntropics 公司的 Richard Foottit，Kerry Fritz 和 Cliff Van Goethem 负责内部团队校对。此外，AntiEntropics 也想感谢整个 CCPS 团队的贡献。

CCPS还衷心感谢下列同行评审的成员所提出的意见：

- John Alderman　*Aon Consulting*
- Martyn Fear　*Husky Energy (Offshore Operations)*
- Andy Hart　*Nova Chemical*
- Dennis Hendershot　*CCPS Emeritus*
- Gregg Kiihne　*BASF Corporation*
- R. Craig Matthiessen　*US Environmental Protection Agency*
- Louisa A. Nara　*CCPS*
- Robert Ormsby　*CCPS Emeritus*
- Stephen Selk　*US Department of Homeland Security*
- Kenneth Wengert　*Kraft Foods Global, Inc.*
- David Worthington　*Amerada Hess*
- David Wulf　*ConocoPhillips*

他们的见解、意见和建议有助于确保观点的中立。虽然同行评审提出了许多建设性的意见和建议，但它们没有在本书发行之前被认可，也没有显示在最终的书稿中。

封面的照片❶和图2-8在美联社的许可下转载。

❶ 编者注：本书中文版封面未使用原著封面图片。

目 录

第1章

概述

预警信号是表明某事物出错或即将出错的迹象。如果我们能够识别出这些迹象，并据此采取相应措施，或许可以防止损失的发生。当然，只有我们知道要做些什么、并且愿意主动出击，才能实现这个目标。通过回顾过程工业中的重大事故可以看出，即便不是所有的事故，但大多数事故发生前都会出现预警信号。其中一些预警信号是清晰可见的，由于人们没有意识到这些预警信号的严重性而没有采取任何措施；另一些预警信号虽然没有那么明显，但具有敏锐观察力的人也许已经注意到它们了。

本书所介绍的与过往事故有关的预警信号，要么在这些事故发生之前就已经显现出来，要么促成了这些事故的发生。事故的预警信号有如下一个共同的特点：

发生事故的企业并没有察觉到或识别出这些预警信号。

某个问题可能导致一起事故的发生，那么事故的预警信号则是该问题所表现出来的蛛丝马迹。一些轻微事故有可能演变成重大事故。有些预警信号具备某种物理特质、可以为我们所察觉，有些与企业的管理方法和实践有关。某些预警信号可能本身就是问题所在，而另外一些可能是潜在问题或事故的征兆。每个信号都会提供一条线索，而该线索或许就是灾难的早期预警。这些线索让我们有机会采取不同方法 以减少灾难的风险。

通常情况下，经历重大灾难性事故的企业最初的反应是感到震惊和意外。不知何故，现场工人以及他们的管理人员或许已经产生了一种错觉，即认为灾难性事故只发生在其他地方，而且是由于严重的违规操作或整体系统的失效造成的。由于企业和当地的工厂多年来一直持续运行而没有发生灾难性事故，所以经理、技术人员和操作人员经常持这样一种看法：我们肯定是正确地完成了工作。在很多情况下，这是一个被错误观念误导而产生的看法。请考虑对您的设施中可能存在的预警信号进行详查，以免遭受重大事故。

下面一段话引自一位安全方面的倡导者，也是澳大利亚国立大学的社会学教授安德鲁•霍普金斯（Andrew Hopkins），他强调了这些迹象的重要性：

在重大事故发生之前，总会出现预警信号，如果我们对其做出回应，就能避免事故的发生。但是我们并没有这样做，这些预警信号被我们忽视了。拒绝接受负面信息的文化现象屡见不鲜，该文化氛围会驱使人们隐瞒这些预警信号。

对我们所讨论的早期预警信号，企业或者一无所知，或者视而不见。一无所知的原因要么在于这些信号并不明显，要么在于企业对相应的风险毫无察觉、轻描淡写。

预警信号的种类繁多，包括以下几种：

- 仍有机会采取适当行动的早期故障迹象。运行不当的工艺设备可能容易失灵。有时企业忽视了这些问题，理由是迟些时候他们会予以解决（或者是等问题严重了再处理）；
- 预示重大事故即将来临的迹象。例如，一套即将到达使用寿命的工艺设备；
- 其他一些不太明显且需要详细分析的问题的迹象。因此，切实可行的跟进措施就是开展审核，以确保各项程序和体系都可以有效运行；
- 看似微不足道的问题，当与其他预警信号结合在一起时，这些问题就表明管理体系失效了；
- 产生明显后果的真实事故。如果我们忽略这些事故，它们发生的频率或者严重程度都会增加，最终造成灾难性的事故。

本书讨论的一些预警信号常见于过程工业，或许它们就存在于你自己的公司或设施之中。另一些预警信号可能为本书所忽略，那么您可能需要扩充您的预警信号清单，使其更符合您所在企业的需求。很难找到不存在预警信号的工厂。如果任意一种预警信号在企业范围内普遍存在，或被当成正常现象，又或者是多种预警信号同时存在，那么我们就有理由担心了。但是，有些预警信号可能是您所在公司的生产运营模式所固有的，完全消除它们是不可能的，或者是不切实际的。

尽管关于某些预警信号的讨论的确提出了应对措施的建议，但本书的目的不在于解释怎么做或者怎么解决问题。我们希望本书可以引发自我评估的开展以及后续改进措施的落实。它应有助于向有责任心的领导层发出警示，事故可能即将来临，除非识别出这些预警信号并采取应对措施，否则发生重大事故的可能性就会增加。

1.1 过程安全管理

过程安全管理（PSM）涵盖了一整套系统的管理活动，目的在于实现危险作业和危险工艺的完整性。确切地说，过程安全管理就是要防止泄漏事故的发生，其中这些泄漏事故通常与过程工业有关。当危险物料从第一层围堵中释放出来，尤其是释放到大气中时，其后果的影响范围广，而且很难预测。因此，预防尤为重要。对事故预警信号主动出击，采取系统性的方法，是为过程安全的各标准要素锦上添花的强有力的工具。要确定企业的过程安全理念。请回答下面这个问题：

我们在过程安全方面的所作所为可以反映出过程安全是我们企业文化不可分割的一部分吗？

深知过程安全重要性的企业，他们希望在行动中反映出这种意识。让严格的过程安全作为一种价值观贯穿整个企业，并在企业的行动中将该价值观表现出来，才能发挥其最大的效果。企业的当务之急会随着工作环境和商业环境的变化而改变，而核心价值却不会改变。所谓的价值观，就是一个群体通过将其内化，使其成为该群体行为的特征，进而构建一套指导这一群体采取各项措施的准则。

1.1.1 识别过程安全管理体系中的不足

大多数重大灾难性事故发生之前，一般会发生不太严重的事故。许多非灾难性事故可以显示出早期的预警信号，如果领导者识别出这些信号并采取应对措施，就可以防止重大事故的发生。所有有效的事故调查方法都将管理体系缺陷视为根本原因。我们的目的应是识别出常见的管理体系缺陷以及相关的早期预警信号。我们利用案例研究以阐明这些预警信号，希望能够帮助大家把这些案例与自己工厂联系起来。所选案例均是经过彻底调查的典型事故。在全球范围内这些灾难性事故影响着各公司的过程安全管理工作。

通常，工业界通过掌握管理体系的设计和实施的核心理念，以维持并提高绩效。过程安全管理包含了下列原则，但您可能未将这些原则纳入公司的管理体系之中：

- 从根本上了解工艺流程，无论是物理状态还是工艺信息；
- 向所有受影响的员工和承包商有效传达工艺流程中的危害因素；
- 必要时，分析工艺流程，以掌握工艺流程及其相关的危害因素；
- 在安全作业范围内操作工艺流程；
- 按照已制订成文的设备完整性计划的要求合理维护设备；
- 随着时间的推移会产生工艺流程的变更，需对所有变更进行管理和沟通；
- 对员工和承包商进行工艺流程及相关风险培训；
- 定期评估工厂的运行情况；
- 深入设备现场，便能够观察到明显的预警信号，并鼓励工厂领导层也深入设备现场；
- 完善业务流程和过程安全管理体系所需的能力和资源；
- 必要时修改业务流程和管理体系以满足不断变化的要求；

- 将工厂的现状及经定期审查确定的需整改的内容汇报给工厂的高级管理人员，并酌情传达至其他人员；
- 制定行动方案以解决问题并完成整改。

当全体工人都观察到公司对上述类型的管理程序给予重视和支持，就能鼓励员工自身做出要实现一流安全和环保的承诺。美国化工过程安全中心（CCPS）的出版物《过程安全业务实例》证明严格的过程安全体系也能提高安全底线。或许高度危险的设施或公司可能已经在执行这些管理体系。但不论工艺流程中存在什么危害因素，明智之举是将该制度推广至工厂运行的各部分。

1.2 偏差正常化

偏差正常化是指经过长期发展，个体或操作团队逐渐接受较低的绩效标准，直至将低标准视为常态的现象。通常，随着时间的推移，环境会逐步发生改变并恶化，进而促成偏差正常化。

在执行标准操作程序的过程中，出现走捷径快速完成工作或者临时变更的记录残缺不全的情况，通常这就是偏差正常化开始的表现形式。如果没有出现明显的不良后果，那么新方法就被人们所接受，并取代老方法。这个过程会随着时间的推移而反复发生。当这些变化不太明显、看似无足轻重时，它们就很容易被人们忽略。组织蠕变是偏差正常化的一种形式，是用来形容这种渐进式变化的常用术语。渐进式变化是指一个持续运行的公司内出现的偏离既定操作方案的现象。在发生该变化的过程中，人们有时很难意识到或理解老方法或旧程序的好处。甚至在与当地的管理人员讨论这种情况时，可能还会遭到诸如此类的反驳：“新办法行得通”、或者是“目前还没有出现任何问题”。偏差正常化严重违反了变更管理程序，也是促成很多严重事故发生的一个重要因素。

1.3 应对策略

识别设施中的事故预警信号不应是下意识的反应，而应当要采用一种严格的方法，搜集所有的事实依据、以有计划有组织的方式向前推进。图 1-1 阐明了应对事故预警信号的方法。

在某些企业里，或许存在否定某些预警信号重要性或严重性的倾向。也许是在这些预警信号已经长期存在且未产生不良后果的情况下，会出现该类情形。如果员工整体上资历深、经验丰富，他们已对工厂的运行沾沾自喜，那么这些企业或许不会认为预警信号有多么重要。这显示出一种错误的安全意识。新老员工可能都需要接受关于正确工作方法的培训，这样他们才能提高意识，认识到预警信号的重要性。

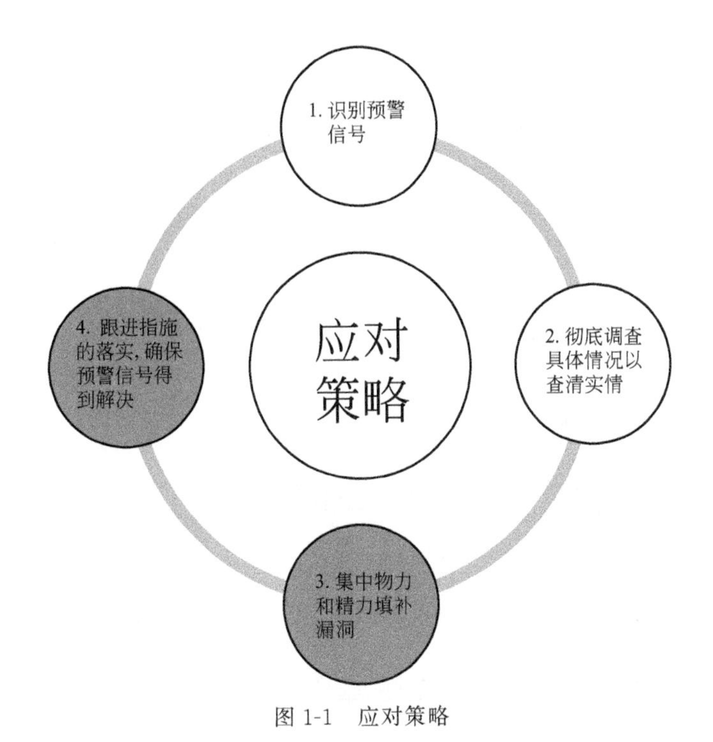

图 1-1　应对策略

安德鲁•霍普金斯（Andrew Hopkins）教授进一步强调："企业之所以未能在事故发生前识别出工作场所内的预警信号，企业文化是其中一个关键因素。"

对实际事故的分析或许可以表明，某些早期预警信号与特定类型或种类的事故相关。此假设也许是没有根据的。管理人员需要时间对本公司的事故趋势进行调查。他们应关注日常运作，不应受短期成功的麻痹而产生自满情绪。

在企业里发现各类预警信号让我们有充分理由对此进行关注并采取行动。认真检查运行情况以确定系统漏洞或缺陷。如果存在漏洞或缺陷，它们是普遍现象还是存在于运行中的某个部分。例如，程序中的不足之处会造成培训效果不佳。同样，培训不足会造成书面程序不充分。认真分析每一个检测到的信号以确保你所处理的问题是正确的。

- 一些预警信号或许出现在类似的情况下。尽管我们会习惯上把它们联系起来，但每个预警信号都有各自特有的原因；
- 事故预警信号不可能孤立存在。一个重要的预警信号存在的地方，也有可能存在其他的预警信号；
- 我们或许可以使某个系统上的弱点合理化，但却很难解释为什么这么多事情一起出错。因此，有必要在采取行动前深入调查分析检测到的预警信号。

最终，工厂的所有员工和承包商在确保企业严格遵守程序及处理所有漏洞方面发挥着作用。应对事故预警信号应该是伴随着公司已经建立的安全管理体系的一项实践活动。识别并理解这些预警信号会使你和同事们更好地做好准备，承担分析预警信号的趋势并采取行动。成功达到这个目标取决于充分理解过程安全的指导方针和操作纪律。

表 1-1 中的问题说明了早期事故预警信号的识别和后续行动。只要检测到预警信号，就应当提出这些问题。

表 1-1　预警信号事故调查中的关键问题

以前有没有观察到此预警信号？
如果有，是否对此预警信号采取行动，其结果是否令人满意？
在所有的操作/工艺区域或部分区域中，此预警信号是否明显？
是否有合理的解释来说明此预警信号表明运行情况并没有真正的风险？
有没有其他的事故预警信号同时存在？
这些同时存在的预警信号与此预警信号是否有关联性？
如果有关，他们是怎么联系在一起的？
这些预警信号之间是否存在共同点？（如特定的员工或团队，公司的政策强化已经存在的预警信号，资金削减。）
是否制定任何行动方案以缓解或消除这些注意到的预警信号？

1.4　维护数据记录和健康的危机感

具有良好记录及维护的过程安全管理体系会完善企业历史信息的记录。最新的管道仪表图（P&IDs）、精确的程序危险场所分类图、记录完备彻底实施的变更管理、启动前安全审查体系，这些是过程安全管理体系如何产生记忆的主要例证。在处理设备的整个生命周期中，应不断加强对企业记录的维护。

实时、定期准确地维护配置数据和常规的应急演习，是商业化的核能工业里普遍的做法。这提升了健康的危机感观念。管理人员鼓励每个人要保持沉着冷静的意识：最坏的情况现在发生了。我们需要做好准备，遵循响应程序。大量的培训以及关于所有关键程序性能的严格的文件管理、结构管理以及其他良好的操作，让这种意识在每个员工的思维中占据重要的位置。保持危机感是为企业发展考虑的一种态度。不要认为企业过去没有发生灾难性事故就表示业绩出色，这也许只是运气好。

1.5　基于风险的过程安全

很多国家开始引入正式的法规以来，过程安全似乎在某些公司停滞不前。一些公司会以“我们所经历的工业风险程度较低”或“我们这里没有发生过灾难性事故”为借口，选择了缩小过程安全活动的范围，或在此问题上放松警惕。为解决这一问题，美国化工过程安全中心（CCPS）在过程安全中采用了基于风险的20个元素框架体系以更好满足要求（包括所有高风险工业部门和非高风险工业部门的要求）。美国化工过程安全中心的成员公司在分析发生在20世纪90年代早期的几次重大事故原因的基础上完善了该框架体系。

基于风险的过程安全并不是绕过过程安全管理的基本任务和要素，因为这些任务和要素适用于你的设施。采用基于风险的过程安全意味着企业必须满足所有工艺的适用规范，并且在那些最有可能发生灾难性事故的工艺和工艺中的某部分要考虑得更远、更深、更细。

基于风险的过程安全还包括仔细关注看似无关紧要的设施，如蒸汽供应、配电、冷却水或者氮气。在某些工艺中，这些公用设施对将发生偏差的工艺单元带回安全模式至关重要。美国化工过程安全中心基于风险的框架体系帮助企业建立并管理一个更加有效的过程安全体系。通过基于风险的过程安全，企业能够更加有效地把资源集中起来。这就减少了预警信号存在的可能性。当预警信号确实存在时，基于风险的过程安全能提供更有效的响应和更正方式。

基于风险的过程安全要素见表1-2。

表1-2 基于风险的过程安全（RBPS）的四大支柱与二十个要素

基于风险的过程安全支柱与要素	
基于风险的过程安全支柱一：致力于过程安全	过程安全文化
	遵循标准
	过程安全胜任能力
	员工参与
	利益相关参与范围
基于风险的过程安全支柱二：理解危害与风险的区别	工艺知识管理
	危害识别和风险分析
基于风险的过程安全支柱三：风险管理	操作程序
	安全作业实践
	资产完整性与可靠性
	承包商管理
	培训与绩效保证
	变更管理
	操作准备、待运行状态
	执行操作
	应急管理
基于风险的过程安全支柱四：从经验中学习和吸取教训	事故调查
	评估和指标
	审核
	管理评审与持续改进

在美国过程安全中心指导性的丛书《基于风险的过程安全指导方针》中，可

以找到每个要素更详细的描述。

过程安全管理体系包括的活动范围很广。在执行任何活动中的漏洞都会增加事故的可能性。当几个要素同时存在漏洞时，重大事故发生的概率会更高。为了说明这一点，表 1-3 列出了过去 30 年工业中发生的几次引人关注的事故以及造成此次事故的管理体系上的缺陷。几乎没有什么事故是仅由单一原因造成的，即便有也很少。

表 1-3　灾难性事故要素分析

事故	发生时间	过程安全要素的缺陷									
		领导力与文化	过程安全信息	危害识别与风险分析	领导力与文化	操作程序	培训	领导力与文化	承包商管理	应急准备	领导力与文化
飞利浦 66 爆炸事故	1989	×[①]	×	×	×	×	×		×	×	
美国国家航空航天局“挑战者”号航天飞机失事	1986	×		×	×				×		×
阿尔法钻采平台爆炸事故	1988	×		×	×	×	×		×	×	×
切尔诺贝利爆炸事故	1986	×	×	×	×	×	×			×	×
朗福镇爆炸事故	1998	×	×	×	×	×	×	×		×	
中国吉林爆炸事故	2005	×		×	×	×	×			×	
博帕尔毒气泄漏事故	1984	×	×	×	×	×	×	×		×	
希克森维尔奇喷射火事故	1992	×	×	×	×	×	×		×	×	

①：×是指灾难性事故涉及的过程安全要素。

过程安全审查，是指衡量是否符合过程安全管理（PSM）目标和标准并准确指出缺陷。审查能够有效揭露缺陷。但是，审查相当耗时而且需要大量的计划。考虑到进行正式的过程安全审查所需的时间和努力，设施在两次审查间隙阶段可能较易产生问题。要回答的实际问题是——一线的监督人员或经理是如何快速又准确地发现问题或漏洞并采取适当的行动？事故预警信号便提供了这样的机会。它们是一些敏感的指示信号，说明需要进一步观察，其结果可能加强或改变过程安全的操作。不要混淆事故预警信号与过程安全的组成部分。

1.6　我们的目标读者

我们的目标是吸引广大读者。尤其是所有加工制造业中的班组长、一线主管和生产领导。部分行业的清单如下：

- 化学加工业；
- 油气开采业；
- 炼油业；

- 石油化工生产与加工业；
- 化石能发电业；
- 核能发电业；
- 造纸业；
- 制药业；
- 食品加工业；
- 生物燃料和生物工艺业；
- 深冷低温分离业；
- 转运油库业；
- 油气运输业；
- 运输及散装航运业；
- 武器制造业；
- 水处理工业；
- 垃圾处理业。

一般说来，监督者是最能够推动企业层级上下改变的。这样的改变需要企业高层领导的鼎力支持。为了影响企业各个级别的参与者，我们想帮助大家理解这些概念。为了达到这个目的，本书的第十二章“行动的召唤”，通过风险沟通和个人授权的方式提供一些指导。检测到预警信号的人如果没有把这种可靠的情况向管理层汇报以便采取措施应对，这会让企业很容易遭受重大事故。将来再沟通或许不会进展得很顺利，如果采取行动和进行改善的需要没有得到认可，什么也不会改变。

任何对于理解、识别以及对灾难性事故预警信号采取行动感兴趣的人都可以从这本书中获益。下面人员可以从本书获益。

- 操作人员、维修人员以及其他的生产人员，他们在执行工厂的过程安全体系中起着至关重要的作用。
- 工厂与企业中的安全专业人士。
- 过程安全与风险管理的项目经理与生产设备的协调员。
- 公司中的过程安全管理人员。
- 与过程安全有关的项目经理和小组成员。
- 在变更管理协议管理范围之内发起变化的工程和其他员工。
- 生产企业管理团队中负责化学加工设备总体安全的设备管理人员和其他成员。
- 参与最初批准工作及以后核查加工设备是否符合相关过程安全标准工作的监管机构人员。

本书的理念对于所有努力构建“安全无所不在”这样一种文化的人是非常有帮助的。

1.7 如何使用这本书

有关预警信号的每一章节都简要介绍了相关的管理体系、预警信号及案例研究。本书让大家有机会对预警信号、相关的过程安全要素以及有预警信号作为先兆的事故的案例研究做出评估。

如果发现同一要素下几个预警信号同时存在于工厂里，要彻底检查所有相关的预警信号。如果不能轻易地纠正找到的这些预警信号，或许就要进行彻底的审查。这样做可以帮助我们确认后续行动。正式的审查结果可以指出一些普遍存在的预警信号。本书能够帮助大家加强管理企业的审查协议，并为过程安全审查报告提供双重保险。

发现大量的各类预警信号或许预示着工厂的过程安全文化有很大的提升空间。2007 年 1 月发布的贝克小组报告是 2005 年 BP 德克萨斯市爆炸案的后续部分，为安全文化的改进工作提供了指导。

最后，本书有助于安全会议话题的讨论。领导者可以以过去事件作为例子，并提出诸如“万一”或“此类事件会发生在这里吗?”的问题。提及过去发生的事故在当今的操作环境中是非常有价值的。许多最初参与执行过现场过程安全管理体系的员工和领导者已经离开这个行业。预计未来几年制造业中经验流失的比率会增加。没有一些相关指导，现在的员工或许还没有意识到他们正不知不觉地重复过去发生的事故。

1.8 案例分析：发生在印度的有毒气体泄漏

1984 年发生在印度博帕尔的事故是印度历史上最严重的化学设备事故（灾难）。该事故致 3000～10000 人丧生，100000 人受伤。对博帕尔事故的分析表明过程安全的每个要素都出现了问题。因此，我们把博帕尔的案例放在“概述”这一章以支持本章的观点。事故发生在一个普通的夜晚，操作和习惯都与每天的管理模式相同。

这起事故发生在工厂储存区域的中间地带，在这里，液体的甲基异氰酸酯（MIC）分别装在同一围堰的三个储罐中。MIC 是一种用于生产氨基甲酸酯（一种常见的杀虫剂）的原料。在有水和氧化铁的情况下，MIC 液体极易发生反应，产生热量。如果热量充足，也许会产生有剧毒的气体。这项工艺的设计中有一个冷却线圈以确保温度不会超过 5°C，另外还有一个放在出口的气体洗涤器防止气体溢出。此外，尽管工艺操作压力低，但仍需安装一个封闭的泄放和排污的子系统，以进一步降低风险。

在此次灾难性事故发生前的几个月里，工厂的状况一直在恶化。例如，工人们没有认真地遵守操作规程，一些机械设备要么停止运转要么达不到标准。如冷却循环系统中的冷却剂含量低、排出气体的洗涤器与火炬系统失灵。一个储罐的温度指示计有点故障，另一个储罐的温度超过最大限度多达 15°C 之多，却没有任何纠正措施。

灾难性事故发生的当晚，操作人员听见其中一个储罐上安全阀刺耳的响声。不幸的是，封闭的排放系统因为正在维修而不能运转。那时，工人们用储罐上方的水（水压相当于1.192MPa）清洗堵塞的管道。后来人们认为，在操作人员交接班或休息的时候，可能有人有意将压力计从储罐顶部断开，连接到一个软水管。大量水进入其中一个 MIC 储罐，引发了失控的反应，随后将甲基异氰酸酯气体释放到居民区。另一个说法是由于维修不利以及阀门泄漏的原因，或许已经有水渗进了储罐。

导致气体泄漏的主要因素包括以下几项：

- 用大型储罐储存甲基异氰酸酯，并且存量超出了建议值；
- 维护不当；
- 由于维护不当，一些安全系统失效；
- 为了节省资金关闭了安全系统，包括 MIC 储罐上可以降低灾难严重程度的制冷系统。

事故的其他表面原因包括以下几项：

- 甲基异氰酸酯储罐的警报器至少 4 年没有使用过；
- 与母公司管理的工厂所使用的四级系统相比，只有一个手动备用系统；
- 灾难发生前火炬和气体洗涤器已经有 5 个月不能使用。因此洗涤器没有用氢氧化钠（苛性钠）来处理泄漏的气体。尽管火炬和洗涤器系统设计容量不足以应付事故中 MIC 的流量，但是如果起到作用，是有可能把泄漏气体浓度降到安全的水平；
- 为了节省能源成本，原本为抑制 MIC 气体挥发而设计的冷却系统已被闲置；MIC 的储存温度比建议值要高。据确认，制冷剂被用于办公室的制冷；
- 由于一些未知的原因，用于清理管道的蒸汽锅炉停止运行；
- 管道没有安装盲板，它的主要作用是防止清理管道的水从故障阀门泄漏到 MIC 储罐中；
- 洗涤器的喷淋水水压太低，不足以捕捉排气管排除的气体。喷淋水不足以降低排出气体浓度；
- 根据工厂操作人员所说，事故发生前 MIC 储罐的压力表已经坏了一个星期；
- 工厂里广泛地使用碳钢阀门，尽管碳钢阀门接触到酸时会被腐蚀。

调查人员一年之内没有获得上面提供的技术细节。印度政府封锁现场阻止母公司的技术专家进入现场。但对各种工艺设备中的化学残渣的分析能够说明事故的原因。

发生在博帕尔的事件并不是真正的意外。没有真正让人吃惊的地方。多个月来，情况一直在恶化，却没有人进行干预。物理和书面证据表明，该企业的安全文化存在巨大问题，工厂任何一个有责任心的工人来说本应该能关注到。但是，如果管理层没有给安全文化下个定义，对操作优先权没有一个明确的界限，那么有责任心的工人这个概念几乎没有任何意义。过程安全文化是由强有力的领导带头，并且各个层级都有各自纪律和问责制的一种卓越状态。

需要问的几个附加问题：

• 为什么母公司没有加强其政策和程序的实施？
• 为什么工人们没有对工厂的情况提出意见？
• 为什么有故障的设备没有得到妥善维护和修理？
• 为什么没有完善的应急计划和程序？
• 为什么工厂管理层与当地社区之间没有沟通，以便及时进行疏散？
• 为什么公司与政府在取证和及时得出结论方面缺少合作？

此次灾难性事故导致了母公司的破产，但也在全世界范围内促进了过程安全协议和法规的制定。

【练习】 此次事故发生前已受到注意的一些预警信号如下：

• 可以在安全操作范围之外进行操作；
• 已经知道保护措施受损，但操作还在继续；
• 关键的安全系统运转不当或未接受检测。

你能指出其他可能存在的预警信号吗？

第2章 事件机理

所有事故的发生都是有原因的。

—— 亚历克斯 · 米勒(Alex Miller)

2.1 事故不只是简简单单地发生

灾难性事故不只是简简单单地发生，通常是由于维持系统运行的管理体系出现一个或多个影响根本的薄弱环节。许多事故表明，这些薄弱环节已经长期存在。

灾难性事故是导致人员严重伤害、死亡、环境破坏和重大业务损失的负面事件。过程工业中的这些事故通常与有害物质的泄漏有关。当发生了这种泄漏事件，员工、承包商、公众就可能会受到严重伤害。最终，这些灾难性事故可导致公司的破产。

下面的引文描述了事故的现实：

大部分事故是可以避免的。

除非出了问题，否则飞机是不会从天上掉下来的。

——美国交通部前检查长玛丽•夏沃（Mary Schiavo）

如果要避免灾难性事故，我们就必须竭尽全力，准确地找出事故的根源，在仍有机会纠正错误之时采取措施。要达到这个目的，既需要高度的承诺，又要同时清楚大规模事故发生的机理和发生前的预警信号。

2.2 事件模型

有几种事件致因模型。每种模型都有助于我们理解事故发生前的预警信号，有助于降低事故发生的可能性和严重性。事件调查人员要通过自己的判断，对选定的调查技术做出调整，以确定调查工作的规模大小和复杂程度。

他们会识别相关事实、利用逻辑原则和推理技巧，查明事件是如何发生的、为什么会发生。

2.2.1 事故与灾难性事故的区别

事故与灾难性事故两个术语令人费解，可能会引起误解。两个术语的定义如下：

- 事故（Incident）：产生或未产生不良后果的任何未经计划的，或不希望出现的事件。未遂事件是无明显不良后果的事件。
- 灾难性事故（Catastrophic incident）：在大范围区域内，导致特别重大不良后果的事件。这些后果可能包括严重的人员伤亡，以及大规模的设施、设备受损。

灾难性事故极少只是由单一原因造成的，通常灾难性事故是在一段时间内由多起小事件接连发生，而造成的最终结果。一起灾难性事故所持续的时间可能很短，但也可能要经历数周、数月或数年。不论是何种情况，管理体系的缺陷导致了灾难性事故，而这些缺陷出现的时间往往要远早于该灾难性事故。

正如过程安全专家特雷弗•克莱兹（Trevon kletz）所说："如果你认为安全很昂贵，那就试着发生一次事故吧。事故所造成工厂的破坏、人员受伤的赔偿、公司名誉的损失，耗费的是一大笔资金。"

如图 2-1 所示的安全金字塔阐明了各项考量指标，管理这些考量指标有助于防止过程安全事件发生。该金字塔模型表明了灾难性事故与不达标状态之间的相对的数量关系。在金字塔底部的事件产生的影响很小或没有影响，这些事件的数量要远多于位于金字塔顶部的重大事件。小事件统计结果可能给不熟悉安全领域的人们一种错误的安全感。但事实是每起小事件都有可能恶化成为更严重的事件，其没有恶化的原因是存在某些预防性措施，或减轻事件影响的防护措施。当这些安全防护措施可靠性降低或不含标准的方式运行时，灾难性事故可能与未遂事件的数量成比例上升。

某些专家建议，组织应关注避免灾难性事故发生，而不应将精力投在导致微小伤害或后果的事件上。很多行业在全球范围内面临降低成本、资金短缺的趋势之下，该建议可能很有商业意义。但是，事实上没有人能够分辨出来，造成灾难性事故的预警信号与非灾难性事件的预警信号有何区别。请牢记，灾难性事故是造成重大后果的事件，而这些重大后果正是从不严重的事件发展而来的。如果我们推迟响应，坐等各种事件发生直至产生潜在的不良后果，采取有效行动可能为时已晚了。另外，强大的安全管理不应仅避免灾难性事件的发生。一连串引起社会关注的小事件也能轻而易举地影响一个组织的声誉和生存能力。

2.2.2 瑞士奶酪事故模型

多年来，安全专家就使用耳熟能详的瑞士奶酪模型［后因论，after reason，

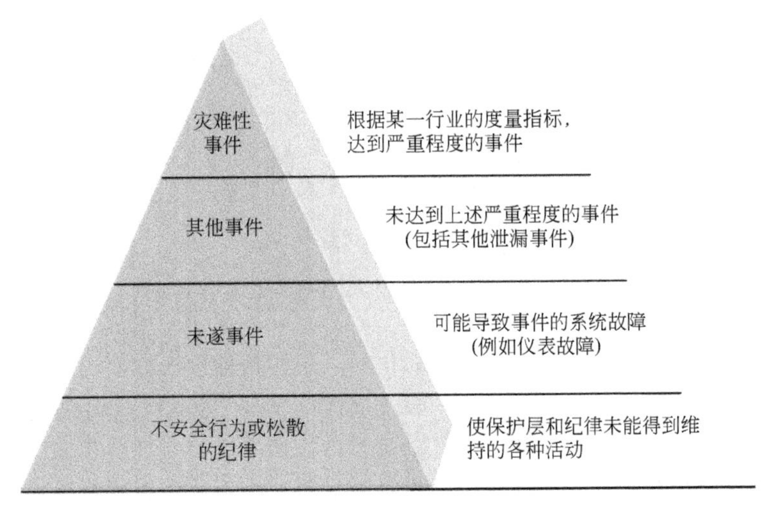

图 2-1 安全金字塔

卫格曼（Weigmann）夏佩尔（Shappell），1999 年］作为解释灾难性事故的一个理论。

该模型有助于从事过程工业的经理、员工理解能导致事件或未遂事件发生的事项、故障和决定。图 2-2 所示的是布满孔洞的保护层。当出现一系列特定的情形之时，这些孔洞排成一行，导致事件得以发生。图中用片状的奶酪来表示保护层。奶酪上的孔洞代表了保护层的潜在故障：

- 人因失误；
- 管理决策；
- 单台设备故障或失效；
- 知识不足；
- 管理体系不足，如未能开展危害分析，未能识别和管理变更，或对以往发生事件所给出的预警信号，跟进措施不足。

图 2-2 表明，通常是由于出现了多个故障，无法有效应对各种危害，进而导致事件的发生。该模型也显示出，灾难性事故是矢量，是一个保持运动的力，随着事件的发展，不断积累的故障加剧了事件的影响，为这个力提供了动力。最终，所产生的冲击就是对人员、财产和环境的损害。因此就建立了管理体系，用以阻止其事件发展轨迹或切断其行进路线。管理体系可能包括物理安全装置，或经过事先计划的各种活动，这些活动将防止出现故障。过程安全管理体系不只是计划，而是一套呈现于全方位战略之中的经营哲学，不断更新的行动措施始终支撑着该战略，即使结果看起来不错，仍要不懈地实施这些行动措施。一套有效的过程安全管理体系能减少各保护层上孔洞的数量和尺寸。

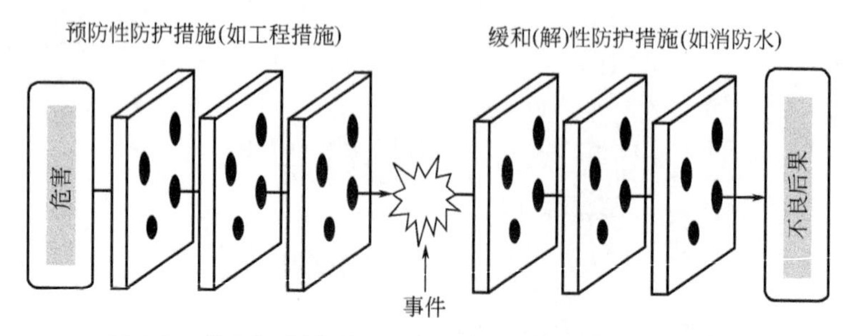

图 2-2　瑞士奶酪模型——防止产生不良后果的防护措施

管理体系的各组成要素的目的大不相同。一些是处理人方面的问题，而另一些是解决设备完整性的问题，还有一些是检查过程的完整性以确保过程是稳定的、是可预测的。在公司内部还有用来处理财务结果以及与利益相关方的管理体系。有些管理体系是由总公司主导，并应用于多个设施，还有些管理体系是根据不同设施而设立的。依此类推，本书关注的是会影响设施过程安全的管理体系。

过程安全管理体系各要素的目的都在于防止事件的发生。有时某个要素的有效性会被忽略，或者人们简单地认为其仍然牢不可破。在事件模型中，各要素起到预防的作用（或防止产生不良后果的防护措施）。这些要素包括：

- 合理的过程设计；
- 高质量的工程建设；
- 完善的程序；
- 接受完整培训的工作团队；
- （良好执行）操作纪律；
- （有效的）绩效管理；
- 确保设备完整性和可靠性的质量保证程序；
- 建立变更管理流程；
- 建立工程设计流程；
- （建立有效）沟通系统，从事件教训中学习；
- 审核体系。

防止或减轻事件影响的要素称为缓解措施。例如，缓解措施包括安全保护，围堰、排水沟、卸压阀、火灾抑制系统和应急计划。上述所列的应急计划，是有关事件响应及恢复的管理体系。有效地实施经过精心准备的事件应急和恢复计划，对一个组织的短期和长期竞争或许是至关重要的，但这一点有时却被忽略了。

现实中管理体系不可能完美无缺。我们可以把管理体系看成是人的软件。更何况，即使软件准确有效，人还是会出错。人们有时不能遵循自己所做出的承诺。有时会忽略自己的职责，或者因注意力分散而未能履行职责，特别是当恪尽职守带来的结果不那么直接时更是如此。例如，由于现场的一个变更，今天就需要更新一项程序，但因为要处理其他更紧迫的工作，更新程序的任务可能要被推迟到这个月的晚些时候，而那时已经是变更启动之后了。这些疏漏或缺陷是管理体系的薄弱环节。瑞士奶酪模型把这些疏漏或缺陷用能被一连串事件所穿透的孔洞来表示。孔洞的尺寸和数量随缺陷的性质和缺陷出现的频率的不同而发生变化。脆弱的管理体系往往更容易出现问题，无法有效地防止事件发生或在事件发生后减轻事件的影响。

2.2.3 篝火事故类比模型

与处于事件金字塔其他位置的事件相比，防止处于底部的事件发生的机会最多，这对还未发生过灾难性事故的公司来说尤其如此。系统薄弱之处和缺陷就好比在一堆灰烬底部缓慢燃烧的余火（见图 2-3）。点燃木材后，火焰就会迅速蔓延，此时要控制住火势是很困难的。如果要改进组织的安全绩效，就需要做出改变，以弥合差距、消除缺陷。

图 2-3 移开燃料

2.2.4 大坝类比模型

如图 2-4 所示的蓄水大坝是说明灾难性事故如何发生的另一个模型。当水位升至大坝顶部，压头达到大坝设计和建筑规格的限值时，在蓄水过程中任何的渗漏都表明必须停止加水，或者立即修复渗漏。如果在最高水位大坝出现故障，那么后果通常是灾难性的，要逆转故障并抵消水的冲力以阻止重大事件的发生是不可能的。

预警信号可能只是周期性出现，或者只持续小段时间。发现预警信号时就立即采取改进措施是很重要的。如果预警信号只是间或出现，那么就应找出管理系统的薄弱环节，采取改进措施，直到预防性维护措施落实到位。这就好比牙痛或者健康问题，随时都有可能恶化。如果忽略这类问题，那么问题肯定还会重复发生。

2.2.5 冰山类比模型

另一个常被提及的概念就是冰山模型（见图 2-5）。一座冰山只有露出水面的 10%是可见的，而在碰撞过程中破坏力最大的却是在水面之下的庞然大物。我们无法看到的事物往往对我们的伤害最大。在工业领域，我们培训工人如何应

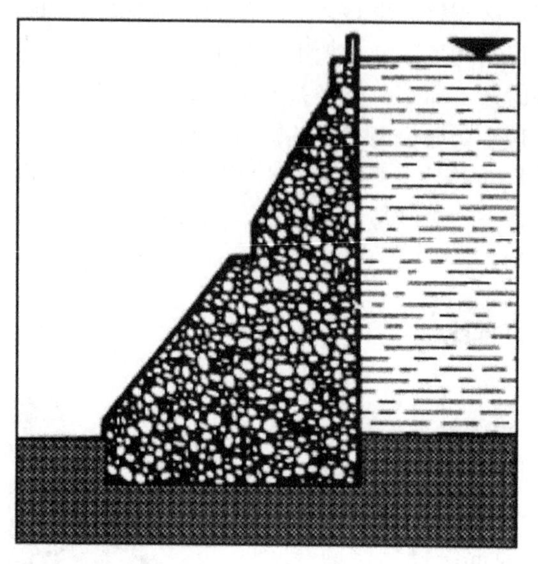

图 2-4　大坝模型

对物理和化学危害因素。与化学危害因素相比，物理危害因素通常更容易察觉。我们能够用眼睛观察，或者使用特殊工具检测这些危害因素。但另一方面，系统的薄弱环节却不那么显而易见。如果不找出并弥补系统的薄弱环节，薄弱环节将会进一步恶化。因此，改进管理系统比单纯解决物理的症状要有效得多。为支持该观点，第 11 章“物理的预警信号”被编排在本书靠后的一章，以免喧宾夺主。为防止损失的发生，须拿捏好解决物理预警信号与管理体系相关预警信号之间的平衡，其中，属于后者的预警信号是不易察觉的。

图 2-5　冰山模型（Image AEI 2002）

2.2.6 事件趋势和统计

事件趋势和统计分析是一种能够反映出厂区内每况愈下的安全状况的强有力的工具，通常能够反映出重大事故可能就迫在眉睫了。最简单形式是月度趋势分析了，该分析可以显示出安全状况的指标是在日益恶化还是保持不变。请不要混淆职业安全趋势与过程安全趋势。

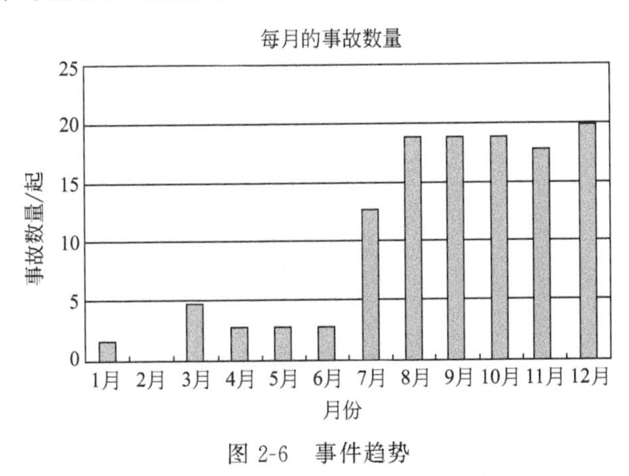

图 2-6 事件趋势

针对图 2-6 所示的趋势图，还应该确定在这段时间内可能发生过哪些变化。该信息能够有力地说明状况正在恶化。重复发生的事件，会引发来自监管人员、社区和股东负面的评价，也会对经营产生不利影响。一起重复发生的事件，与那些单一发生的事件相比，重复发生的事件更能够反映出存在的组织问题。

未遂事件报告是研究组织过程安全文化的绝好机会。很多时候，未遂事件与灾难性事故的区别仅仅就是运气。若使用图 2-2 的瑞士奶酪模型进行分析，未遂事件的发生意味着不满足导致最大损失产生的全部条件。如果我们不采取控制措施任由未遂事件发生，那么最后瑞士奶酪上的孔洞总会排成一行。等到那时，灾难性事件就会发生。

分析轻微事故和未遂事件，应该仔细分析事件发生的过程、时间、在工厂的具体地点、工人的经验，以及识别出的任何的致因因素或缓解因素。通过这些分析挖掘出普遍存在的问题，并通过后续的跟进解决这些问题。

2.2.7 根本原因分析

根本原因分析（RCA）是自上而下的、对作用于该事件的所有事项和致因因素进行分析的一种方法。通常 RCA 是利用逻辑树，将描述事件发生过程的数据转化成为可传达的和可记录的形式，如图 2-7 所示。将充分必要条件的原则应用于逻辑树，以促进对数据和推理质量的审核。这意味着根本原因分析是一个迭代的过程。对工作小组来说该方法非常适用。RCA 可作为一套用于持续改进管理体系的工具。

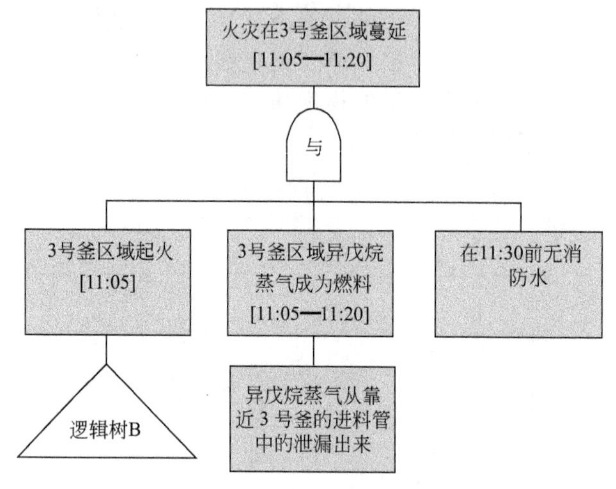

图 2-7　逻辑树根本原因分析简例

2.2.8　多根本原因理论

要发生一起非常严重的事故，通常是在纵向横向上出现多个故障。如果管理体系中的某一方面很薄弱，那么其他方面可能也是薄弱的。识别出单一的根本原因会导致不合理的预防和纠正措施。

多重根本原因理论认为，我们必须发现并解决同时存在的多个薄弱环节，以防止重大事故的发生。通常根本原因并不是某个管理体系不存在，而是该管理体系内存在故障。

2.3　案例分析　中国苯工厂爆炸

2005 年年底，中国吉林省一苯工厂内的一个硝基苯初馏塔爆炸，事故产生的污染物流入松花江，造成严重的水体污染。

爆炸的直接原因是一项操作失误。在操作的一个关键阶段，硝基苯装置的操作员错误地执行了一项操作程序。该操作工停止粗硝基苯往初馏塔加料时，没有关闭预热器的蒸汽阀。这导致预热器内物料汽化。在重启硝基苯装置的过程中，他再一次出现错误操作。他先开启预热器蒸汽阀，再启动粗硝基苯进料泵。这导致进入预热器的物料发生强烈的振动，振动使预热器法兰与相连的进料管线发生松动，进而导致排空系统故障，空气被吸入到系统内，于是初馏塔和其他设备就发生了爆炸（见图 2-8），导致装置的灾难性破坏。

根本原因分析指出管理层对过程安全的重视不足。特别是，没有证据表明要求操作员应按程序进行操作。该事故恶化的过程持续了一段时间，本可能有几次机会可以纠正事件发展的走向。

引起污染的直接原因是工厂内没有防止污水流入河流的措施。爆炸发生后，缓解措施没有发挥作用（应急计划和响应相当薄弱），导致污水流入松花江河。该严重事故的根本原因是集团和工厂管理层没有考虑到因故障引发的重大事故所可能产生的后果，没有执行过程安全方案。应急计划不足，公司管理层未正视环境保护。同时地方应急救援指挥中心低估了事故后果，未重视水体污染。未及时实施缓解措施和保护措施。

图 2-8 吉林爆炸事故（2005AP 图片）

显然这起灾难性事故是由于操作纪律松散、过程安全管理体系不足且无效、应急响应计划不足造成的。而这些都显示出，这个公司过程安全方面的领导力是相当薄弱的。并不知晓这个公司先前是否出现过的类似情况，是否造成后果或未造成后果。一个公司的过去往往预示着未来的事件。强有力的管理本可防止并发现导致该事故的初始问题。清晰界定的职责本可确保员工为响应意外之事做好准备。

【练习】 您可以识别出在该事故发生前可能存在的预警信号吗?

第3章 领导力和文化

如果你的一举一动都在激励别人
心怀梦想、持续学习、不断实践、
勇创佳绩，那么你就是一名领导者。
——约翰·昆西·亚当斯 (John Quincy Adams)

3.1 领导力如何影响文化?

领导力是促使积极变化的发生、指引他人迈向成功的能力。部分人生来具有领导力的某些行为特征，但与杰出领导力有关的许多才能是可传授的。所有卓有成效的领导者都从经验与培训中获益。

优秀领导者的特征之一就是开放式的沟通。领导者必须要倾听下属和平级同事的发言。应鼓励员工在看到不能接受的事情或者发现不符合标准之处时，有勇气说出来或者将问题解决，而不必担心会遭到报复。

优秀领导者的另一个特征是责任感。领导者不但自己能对所承担的式作和目标负责，而且也能让下属对所承担的工作和目标负责。有责任心的领导者会提供各种方法和资源，以确保团队能安全地开展工作能顺利克服困难，而不会以各种借口搪塞，或者否认事故预警信号的出现和预警信号的重要性。他们会寻找各种机会以改善现状。

如果领导者与团队保持密切沟通，那么意外就会很少出现，被动的响应也会减少。领导力并不仅仅由工厂正式的组织级别决定。归根结底，所有员工应在自身的团队里体现出应有的领导力，以确保过程安全体系是有效的。优秀的领导力是让员工能发挥自主意识的能力，而不是事无巨细的微观管理。

3.1.1 沟通

在员工之间与各部门之间保持有效沟通是至关重要的。沟通必须既要横向沟通，又要纵向沟通。这意味着员工必须在按层级向上沟通的同时，也要保持员工之间的沟通。安德鲁·霍普金斯（Andrew Hopkins）教授在他的专著和讲座中强调了不安全状态或不正常状态进行书面和口头沟通都是重要的。这些沟通既应有正式的——如班组报告，也应有非正式的，并且要让所有层级的员工都参与其中。

不良沟通最常见的预警信号是产生了“只要是他们提出的，我们都要反对”的思维方式。这种情况会发生在班组之间、部门之间，或者工厂内不同区域之间。任何组织内工作组之间的关系都会因许多原因而变得紧张。此时就需要努力将沟通带回正轨。

其中一种最具危险性的情况是管理层与劳务工之间关系紧张。这种情况有时是由于管理层未能意识到初期的预警信号、未能主动地进行积极和有效的沟通造成的。应保证每个人都觉得管理层是愿意倾听并慎重应对坏消息的。管理人员到现场观察操作和了解工作状况能帮助增强良好的沟通。

3.1.2 操作纪律

操作纪律是在由检查和权衡构成的体系之内表现出的行为，该体系有助于确保事情是以正确的和持续的方式完成的。严格的操作纪律可以支持企业的长期成功。

能体现高水准操作纪律的行为举例如下：

• 实际操作与已建立的操作流程和程序相一致；
• 有效的交接班；
• 始终使用安全作业许可来控制作业；
• 有效使用联锁，并始终执行；
• 始终进行等电位连接和接地；
• 一流的现场整洁；
• 始终使用个人防护用品；
• 始终执行安保措施。

在有重大危害存在的情况下，可能需要制定并实施额外的控制措施。操作纪律是基于风险的过程安全管理体系的要素——操作行为的一个组成部分。

3.1.3 过程安全文化

通常组织文化被称为无人观察下的行为方式。过程安全文化是组织总体文化的一个子集。过程安全文化来自于共同的价值观、行为和准则，其外在表现影响着过程安全绩效。拥有有效过程安全文化的工厂会表现出优秀的过程安全记录，更有可能发现并应对显现出来的灾难性事故的预警信号。过程安全文化薄弱的工厂，则可能观察到数不清的预警信号，却可以容忍这些信号长期存在。

过程安全文化薄弱的表现包括：

- 职责和问责错综复杂、含糊不清；
- 组织内不同功能的团体之间相互隔离；
- 工厂或组织内部沟通不畅。

强有力的过程安全文化的表现并非是完美无缺的。推进过程安全有关的行动项目不是那么轻而易举的。如果一个拥有积极的过程安全文化的工厂出于某些原因出现落后的迹象，请考虑是否出现以下情况：

- 行动项目定义不清，或者技术未解决；
- 行动项目包括了复杂的内容，需要较长时间才能完成；
- 承担项目跟进职责的个人或团体，却对行动项目不理解；
- 工厂或装置并没有资源或技能去完成行动项目；
- 工厂管理层没有将进行动项目的跟进放在优先的位置；
- 行动项目资金不足，或资金被用于他处。

操作纪律和过程安全文化形成了一个正反馈环路。高水平的操作纪律为有效的过程安全文化提供支持，有效的过程安全文化也为高水平的操作纪律提供支持。反过来，通常低水平的操作纪律会出现在过程安全文化薄弱的装置区内，薄弱的过程安全文化也维持了低水平的操作纪律。优秀的领导者和有效的领导团队会对逐渐下滑的过程安全文化和低水平的操作纪律保持警惕。

3.1.4 过程安全与职业安全

职业安全目标是避免身体的伤害，如滑倒、绊倒、坠落、扭伤、化学品接触、触电。通常职业安全事故主要引发个人伤害，并且一般只要提供设计完好的安全管理体系，合适的培训、程序、工具和防护装备，工作人员就能够安全地进行工作。对于此类工作的直接控制主要来自个人。

过程安全则要求有一套系统方法用以管理危险过程和操作，这些危险过程和操作是可能会释放出有害物质进而带来灾难性后果的。只能通过各系统的和谐运行来保证安全。我们利用控制措施或防护功能保护人员、环境和财产免受过程危害的影响，过程安全则涉及这些控制措施或防护功能的数量、质量和种类。过程安全需要所有工作人员的承诺和参与，包括管理人员和承包商。过程安全事关工作人员的生命，也事关公众的生命和环境的保护。

按惯例，伤害统计数据被用于衡量工作场所安全措施的有效性，进行类似伤害统计是许多国家的监管要求。伤害率并不是过程安全绩效的最佳指标。反映当前生产活动的领先指标能够更为准确地体现出一个组织对过程安全的承诺度。

除非领导者清楚地知道职业安全与过程安全的区别，并将期望沟通到位，否则就会存在困惑，并且过程安全绩效就会受到牵连。

3.2 与领导力和文化有关的预警信号

下面列出了与领导力和文化有关的预警信号：

- 在安全操作范围之外运行是可接受的；
- 工作职位和职责定义不明、令人费解，或者不明确；
- 外部抱怨投诉；
- 员工疲劳的信号；
- 混淆职业安全与过程安全的现象普遍存在；
- 频繁的组织变更；
- 生产目标与安全目标相冲突；
- 过程安全预算被削减；
- 管理层与工人沟通不畅；
- 过程安全措施延期；
- 管理层对过程安全的顾虑反应迟缓；
- 有观点认为管理层就是充耳不闻；
- 缺乏对现场管理人员的信任；
- 员工意见调查显示出负面的反馈；
- 领导层的行为暗示着公司声誉比过程安全更为重要；
- 工作重点发生冲突；
- 每个人都太忙了；
- 频繁改变工作重点；
- 员工与管理层就工作条件发生争执；
- 与“追求结果”的行为相比，领导者显然更看重“忙于作业”的行为；
- 管理人员行为不当；
- 主管和领导者没有为在管理岗位任职做好正式准备；
- 指令传递规则定义不清；
- 员工不知道有标准或不遵守标准；
- 组织内存在偏袒；
- 高缺勤率；
- 存在人员流动问题；
- 不同班组的操作实践和方案各不相同；
- 频繁的所有权变更。

3.2.1 在安全操作范围之外运行是可接受的

安全操作范围（SOE）是根据正常操作程序对某一过程工艺进行变更和调

整，而不会产生预期的不利影响。任一过程的安全操作范围通常以温度、流量、压力和成分来表示。工艺设备的设计是基于其在全生命周期中都是在安全操作范围操作的。当工艺过程在安全操作范围之处运行时，发生严重事故的风险可能会明显提高。工艺设备就可能会遭遇非期望的条件，而且可能导致机械故障。如果情况变得更遭，过程物料可能会发生更为剧烈的反应，进而产生失控反应。不论以什么原因在安全操作范围之外运行，都是不安全的，都会将整个运行置于危险的境地。

在安全操作范围之外的运行成为常态并任其存在，这说明了领导力和操作纪律严重缺失。所有工作人员都应了解在允许范围内控制运行的重要性，应承担确保不发生违规操作的责任，这是极为重要的。许多操作岗位会将安全操作限值张贴出来，以达到持续提醒该要求的目的。

另一个令人关注之处可能与该预警信号有关，那就是领导层可能不完全了解坚守安全操作范围的重要性，不完全了解违反安全操作范围所带来的风险。只有通过在作业现场深入了解危害因素和风险，才能形成有效的领导力。下面列出与领导力有关的几个典型问题。

- 是否为所有操作和过程定义了安全操作范围？
- 是否在操作程序和培训手册中反映了安全操作范围？
- 所有工作人员是否明白偏离安全操作范围的后果？
- 管理层是否强调在安全操作范围内运行的重要性？
- 是否对偏离安全操作范围的情况进行调查？

3.2.2 工作职位和职责定义不明、令人费解，或者不明确

为每个岗位都编制具体的任务清单，工厂就可以向团队和每个人展现高水平的操作纪律。因此须要准确、清晰地定义工作职位和职责。

通常过程装置的操作是复杂的，涉及多种过程和设备。须要仔细协调各种任务和程序，以避免发生事故。我们会为一些特殊作业制订计划。我们对其他操作按照常规作业进行控制。还有一部分操作是在遇到操作状态不稳定或不正常时进行的。职位和职责的协调有助于根据工作的内容、质量、时间安排（正确的顺序）布置各项作业，避免出现工作内容重复或重叠的情况。

如果没有协调，在现场工作人员就会出现错误判断。一位无恶意的员工可能会出于疏忽而排空一根刚由另一名员工刚加好物料的管线。在执行任务的过程中有可能出现遗漏、忽视，或者执行的顺序不正确。工作协调不合理的结果会是人因失误，而人因失误已成为许多重大事故的诱因。有效的现场沟通在任何工厂的运行过程中都是非常重要的，但是沟通无法代替有效的领导力。下面列出了需要考虑的几个问题。

- 工作职业和职责是否定义准确，是否令人费解，是否含糊不清，或者不

明确？
- 所有工作人员是否都清楚自己的职责？
- 从经理到工人，是否对每个工作岗位都有完整的培训课程，以明确该职位所承担的与过程安全有关的任务？
- 是否对工作人员进行充分的培训以承担相应的责任？
- 是否实施这样的工作机制——当工作人员无法处理受指派的任务时，可以寻求帮助？
- 现场出现了操作方面的顾虑，是否有主管或指导者会解决这些顾虑？

3.2.3 外部报怨投诉

如果收到社区提出的投诉，那么情况可能已经有所改变，而工厂却对变化不甚了解。是否由于负面报告导致了业务运营的重新评价？或者组织是否将其视为无足轻重的评论、置之不理？社区可能会提出企业如何承担社会责任的问题。
- 是否采取积极的、可衡量的行动方案解决发现的问题？
- 是否需要改进与社区之间的公共关系？
- 是否完成开放的、完整的过程安全绩效报告，并通过公司网站或媒体公布该报告？

3.2.4 员工疲劳的信号

通常我们希望员工在工作时身体是健康的，这样才能开展工作。许多领域的职业健康和安全法规要求工作人员以身体健康的状态去从事工作。在轮班期间工作时间延长（12小时的轮班时间加上通勤时间），到了轮班末期员工情绪上和身体上可能都会变得疲惫。回家遥远的路途可能使问题更为复杂，这减少了返岗工作前的休息时间。另一个促使员工疲劳的因素是停车或特殊项目期间有加班要求的工作安排。

员工自己通常会向工友施加压力，会出现加班过度的情况。研究表明在疲劳的状态下员工远不能安全地开展工作。当人员工作时间太长，就很难保证他们会遵守工作流程和程序。疲劳的员工更不可能发现危害，并采取合适的措施。公司需要检查人员配置水平，并确保有足够的资源来开展工作。避免将重要的工作安排在轮班快结束时、星期五下午或晚上。如果该预警信号持续存在，有必要审核现场工作的执行情况，以便更好地明确问题并确定解决方案。
- 工厂的员工在完成工作时看起来是否缺少活力？
- 某些部门或个人加班的比例是否较高？
- 员工在某些时段是否无精打采？
- 每周或每月是否有工作小时数的限制？

- 是否向员工提供设施，让他们在午休时间或休息时间可以进行运动？
- 是否鼓励员工在休息时间进行休息和放松？

3.2.5 混淆职业安全与过程安全的现象普遍存在

该预警信号是指工厂的所有人员——不论是管理层、员工，还是类似临时承包商——都不了解过程安全。过程安全与职业安全都有相同的一套价值观，即保持员工免受伤害。除非了解二者的区别，否则它们都得不到有效的管理。

该预警信号在高危行业是常见的。一位未接受过程安全培训的经理会无意中独自做出与过程安全原则不符的操作决定。2005 年 BP 德克萨斯城炼油厂爆炸事故发生后，Baker 小组报告明确指出，混淆职业安全与过程安全是导致事故发生的一连串事项链中一个重要的促成因素。该小组还向炼油业中其他工厂存在类似的混淆现象发出警告。下列表述在您的组织中是否是肯定的？

- 伤害率是管理和衡量安全绩效最为常用的关键绩效指标（KPI）。
- 公司信息的沟通不常使用过程安全这个词汇。
- 有时轻微的泄漏事故未经报告或调查。

3.2.6 频繁的组织变更

频繁的组织结构变化会给组织带来混乱，并可能将某些成员调离过程安全委员会。因晋升或其他原因而导致主要人员频繁变动的情况随处可见。在组织变更的过渡期间人们可能会遗忘关键的事项。

组织变更是公司经营过程中一个正常的部分。将员工晋升至更高的职位是对他们的技能和努力的认可。这是期望这些员工将在新岗位上能有出色的表现。为了实现这个目的，培训是必不可少的。我们应该分析组织变化给过程安全带来的影响。这将需要每位员工调整或改变他（或她）与新上岗人员的沟通方式。若处理不当，组织变更会留下沟通方面的隔阂，使沟通渠道变得脆弱。鉴于新的职责可能需要回顾先前的承诺或保证。理想的做法是，留出一段重叠或过渡时间，这样新上岗员工就可以与他们的前任一同工作。

在某些情况下，发生组织变更是因为关键在岗员工疾病或突然离职。继任计划有助于解决此类异常情况。但是，请尽可能地谨慎管理和计划组织变更。

频繁的组织变更会削弱稳定性和连续性。人员的快速流动会给新上岗人员学习新岗位的能力构成挑战，不利于公司的有效运行。频繁的组织变更也降低人们的责任感。

- 不论何时发生组织内关键人员的岗位调整，是否都会启动变更管理？
- 您是否将该类情况包含在您的变更管理制度中？
- 贵公司是否开发出帮助过程安全职责和任务转移至新的责任人的管理

工具？
- 是否制订继任计划以解决组织内关键人员的流失？

3.2.7 生产目标与安全目标相冲突

组织的行为代表了态度，当产出的重量、桶数或加仑数对人员和过程安全利益来说成为首要目标时，这种态度无法让人体会到高水平的组织的操作纪律。过程安全的案例明确说明，卓越的过程安全有助于工厂实现更高水平的利用率和生产能力。目光短浅的领导者可能往往忽略了这个事实。
- 您是否会对愿意暂停生产去阻止风险升级的员工表示赞许？
- 您是否确保他们优秀的决策技能在团队内得到认可？

3.2.8 过程安全预算被削减

如果没有非常正当的原因而消减过程安全预算，那么这往往预示着该组织正变得越来越不能接受这一价值观念，即把过程安全视为其经营理念的一部分。许多公司都有亲身体会，那就是在过程安全方面以最少的人员或预算维持一个高质量的管理体系是不可能的。过程安全是耗费资金的；应制订计划和预算，以确保不会任意消减因过程安全产生的成本。
- 贵工厂有制定过程安全预算吗？
- 过程安全预算是否有效支出？
- 过程安全预算（和相应的支出）是否定期在工厂领导层会议上讨论？
- 是否建立一套管理机制，可以为解决 PSM 计划高风险的状况和变更而申请额外的资金？

3.2.9 管理层与工人沟通不畅

领导者与工人沟通不畅会削弱员工的士气。这会影响员工对工作的投入以及工作的质量。最终，犯错误和走捷径可能成为家常便饭。管理层应努力做出一直致力于改善沟通技巧的姿态，并且公司应培养所有员工有效沟通的技能。
- 是否能够在现场看到管理层？
- 管理层是否已尝试过直接与一线员工交谈？
- 组织的领导层与计时员工之间的沟通渠道是否通畅？
- 计时员工是否认为，管理层并没有倾听他们所关注的问题，或者对他们所关注的问题并不采取行动？
- 在同一组织成员之间是否存在常见的摩擦？例如，运营团队中不同班组之间、维修部不同工种之间或在其他工作小组之间，是否存在一些问题？
- 不同工作小组之间的关系是否紧张？例如，运营与维修之间、检查团队与工程团队之间是否存在问题？

• 团队之间的沟通渠道是否充足？如果是否定的，有哪些其他沟通机会？
• 如果团队之间的沟通不畅，您是否知道各团队主要的争执焦点是什么？如果不知道，您是否做到兼听？
• 在您的组织内，班组之间、部门之间，甚至是员工与承包商之间是否有拉帮结派的现象？

3.2.10 过程安全措施延期

开展过程安全工作会产生需要跟进的行动措施，之后要根据个人或小组的知识和专长分配任务。完成并结束某一行动项所需的时间可能会取决于多种因素。有纪律的管理队伍会考虑优先级别、范围和资源，这有助于确保重要工作按照进度计划完成。我们面临的挑战不是简简单单地列出任务清单，而是划分清单上的行动项的优先次序。

即使划分了行动项的优先次序，大量未完成的低优先级的行动项也会导致重大的损失事件。因此，当我们确定了行动项并为之划分重要程度后，我们需要大胆、彻底地将低优先级（低风险）的行动项删除。如果我们将杂乱项（是指重要度的确很低的行动项）清除，我们就可以更好地将有限的资源集中到至关重要的少数行动项上，如果不完成这些行动项，将会对过程安全产生重大影响。

• 行动项目清单是否越来越大？
• 您是否对每个行动项都分出优先等级？
• 您是否有意识地努力去完成最简单的行动项？
• 您是否评估并可能删除优先级最低的行动项？
• 贵公司是否需要评估用于确定优先次序的管理制度？
• 是否将行动项完成日期设定在可实现的时间段内？
• 是否利用基于风险的方法划分过程安全相关行动项的优先级？
• 贵公司是否定期审查行动项目清单？

关于人员安全、过程安全、环保合规、质量或经济方面，如果为了任何一种驱动因素，而积压了大量过期未完成的行动项，那么可能将人员置于危险之中。

当公司意识到这个问题，有时采用突击的办法去解决，这导致了“基于活动关闭”而非“追求结果”的方式完成，只是为满足尽快实施行动项的要求。

3.2.11 管理层对过程安全的顾虑反应迟缓

当工厂的员工产生了标题中所述观念，它可能会削弱过程安全文化——如果管理层都不在乎，我们为什么要在乎呢？——这种想法可能会在整个组织中蔓延开来。高级经理是过程安全直接的利益相关方。管理层应将防止发生灾难性事故放在重中之重。

- 需要管理层跟进的过程安全关注点是否得到记录？并且其状态是否定期传达给员工？
- 是否指定一个人定期向管理层汇报最新情况？
- 报告的问题是否在合理的时间内得到处理？

3.2.12 有观点认为管理层就是充耳不闻

当管理层公开忽视员工的顾虑和建议时，是对员工知识和经验的低估，因为员工是与管理系统、流程和设备朝夕相对的。如此障碍会削弱先前公司已有的健康文化。此外，有些身处管理岗位的人根本不接受坏消息。这会在员工与管理层之间形成巨大的沟通障碍，而且可能会强化管理层“运行一切良好”的认识。当员工察觉到管理层并不在意时，他们就会失去热情。

- 您是如何记录员工顾虑并通过某种方式解决这些顾虑（即使决定无需采取行动）？
- 公司如何更好地识别出那些能提供方案以降低风险或以其他方式提高整体素质的员工？
- 是否有一套管理机制，在该机制下员工能够沟通现场的问题或缺陷而不用担心遭到惩罚？

3.2.13 缺乏对现场管理人员的信任

当工人觉得他们无法向直属领导反映他们的顾虑，这就意味着信任的缺失。出现该情况部分可能是由于担心受到报复或回避尴尬。

如果工厂文化不鼓励高度的合作和信任，那么许多问题就会止于现场主管。一个只愿意听好消息的组织通常意味着并没有听到与其运行有关完整的、最为重要的信息。

- 贵公司是否面临因现场沟通出现断层而造成的困境？
- 贵公司是否重视领导力和积极参与现场监督？是否为这些岗位提供领导力培训？

3.2.14 员工意见调查显示出负面的反馈

无论这是一个特定的过程安全调查，或是任何形式的普通的员工意见调查，负面的回应说明公司需要采取跟进措施。要认识到调查往往引出工作场所的消极面，因为可能没有其他表达意见的渠道。

他们调查的最糟糕情况是：调查开展了，但却没有针对调查结果采取任何动作。评估这些调查时，寻找积极指标是非常重要的。部分员工对工作文化做出正面的反应，而部分员工却不是如此，该事实可能说明了不同区域之间或不同领导风格之间所执行的规则是不一致的。仔细分析工作场所调查是为了得到有意义的结论。

- 员工调查结果是否出现大比例的负面反馈？
- 通过研究工作小组之间或部门之间的工作模式，是否清晰地表明是局部问题而不是系统性问题？
- 员工调查的参与率是否偏低？
- 发起太多的员工调查？
- 您如何以最优的方式制定可衡量的行动方案，以解决员工每个合情合理的顾虑？
- 工厂怎样以积极影响员工看法的方式实施行动方案？
- 意见调查是否提供正面的反馈？如何协调正面和负面的反馈？这种差异是否与某些工作小组相关联？

3.2.15 领导层的行为暗示着公众声誉比过程安全更为重要

有时管理决策会将其目的放在影响公众的看法上，而不是去解决公司内部组织完整性的问题。这种冲突会对每位员工遵守操作纪律的程度产生负面影响。一个明显言不由衷的理念是无法激励员工始终保持最佳的工作状态。

- 大部分公司都有一套关于核心价值和使命的陈述，该陈述在相关信息中定义了基本的操作纪律。请问贵公司领导层的行为是否展示出这些价值和态度？
- 对外部社区的宣传是否与对内部员工的宣讲相一致？

3.2.16 工作重点发生冲突

分配的任务或工作职责太多，会导致忽视关键的与过程安全有关的任务。人员的削减必然将岗位压缩，以容纳多出来的任务。有些员工承担两个岗位的工作，向若干位老板或主管汇报。员工可能常常在纳闷哪件事是最重要的。公司需要强调过程安全始终是头等大事这一原则所适用的情况，并且一定要提供冲突发生时解决这些冲突的办法。

- 有时生产目标看起来是否与安全目标存在竞争？如果是这样，通常生产会赢吗？
- 您是否觉得，员工会因工作重点之间的冲突所引发的困惑，而忽视与过程安全有关的任务？
- 由于经验更丰富的员工负担过重，您是否因此将与过程安全有关的任务分派给经验较少的员工？

• 您是否分辨出工厂内与每个工作岗位相关联的过程安全任务？
• 您的团队是否对过程安全任务进行了有效的培训（或确保实施了培训）？

3.2.17 每个人都太忙了

当员工试图做过多事情的时候，流程和程序可能被忽视，或容易发生错误，进而导致风险增加。因每位员工缺乏沟通、不了解管理系统、不分轻重缓急而造成的延误对资源、时间和资金产生的影响之大，令人吃惊。额外成本隐藏在这个事实当中——日常运营的效率并不高。再次提示，可以通过对公司的观察来发觉一些问题。项目往往超出原来的估计，任务往往被同事指派给其他可能并非最胜任该任务的人。帮助员工了解他们在公司中的角色是应对该预警信号的第二个好处。

• 所有关键任务是否按每天或每周为基础制订计划实施？
• 员工是否存在为了按时完成工作而将手头的工作转交他人的倾向？
• 工作的质量是否因员工太过繁忙而大打折扣？
• 是否尽可能地邀请所有员工参与制定行动方案？

3.2.18 频繁改变工作重点

频繁改变工作重点的公司可能处在失控状态。事实上，此时可能是人员被公司的运行所控制。公司在这种被动模式下运转违反了有效管理的原则。这是一个值得关注的预警信号。

工厂领导层没有合适的理由就经常改变日常运行计划，这也是该预警信号的体现。在日常运行过程中，工厂在正常情况下也会发生一些类似现象。在日常运行中，竞争和冲突似乎发生在两股力量之间。代表客户和业务需求的生产和质量目标，似乎在与员工和承包商安全的目标进行竞争。如果达不到业务目标，公司离关门的时间就不远了；但是如果我们不实现安全目标，业务终将与人员一同遭遇困境。许多公司试图通过以安全第一的心态来为这些目标分出轻重缓急。事实上，这些看似相互竞争的目标其实就是相同的目标，只不过这些目标是从不同角度而言的。我们的客户对商品和服务的需求高度依赖于我们安全管理工厂的能力。此外，我们持续地按时、按规格要求提供产品和服务的能力往往营造出稳定的环境，在这种环境下我们可以实现高水平的安全绩效。

• 是否有设立各区域工作重点的正式制度？
• 是否明确由什么机构负责制定清楚和协调的工作流程和标准？
• 这些机制是否被遵守？
• 工作重点发生变化时，是否将做出变更的原因与员工沟通？

3.2.19 员工与管理层就工作条件发生争执

该预警信号的出现表明工作条件达不到标准要求。管理层如何对这些抱怨做出回应可能是构建强有力安全文化的最为重要的组成部分之一。出现与安全有关的争执，表明员工是积极参与的，这些争执也可能会获得管理层的关注，促使管理层意识到可能需要临时承包商的帮助。在解决员工关于工作条件的抱怨的过程中，至关重要的一点就是邀请生产过程中的临时承包商代表参与其中。

- 贵公司是否有一个负责任的环保、健康和安全委员会？
- 环保、健康和安全委员会是否会评估与关键程序或政策层面有关的安全工作问题？
- 环保、健康和安全委员会是否与管理层有直接联系？

3.2.20 与“追求结果”的行为相比，领导者显然更看重“忙于作业”的行为

与获得高质量、持久的生产相比，公司更应关注过程安全的相关活动（或任何形式的经营活动）的完成情况的记录。当出现以下情况时，该预警信号就会显现出来。

- 领导者是否参与工作评审？他们是否给予积极的关注？
- 公司是否会将某项工作细分出可衡量的活动，并通过工作计划、监督收集必要的证据来确保该工作的完成？
- 您会通过什么方式主动扭转贵公司内的这种行为？
- 在过程安全管理的深入实施中，管理层是否起到模范作用？

3.2.21 管理人员行为不当

如果上司以挑衅或使人反感的行为指导工作，毫无疑问必须对此进行干预。在两个最关键的人员保护层之间可能已出现了裂痕。人力资源部门可能需要介入以采取某些措施来扭转不良氛围。

- 在工作场所是否发现胁迫的现象？
- 与其他人相比，是否有个别人受到区别对待？
- 员工与管理人员之间是否有疏远的现象？
- 这是普遍问题，还是仅限于少数几个部门或区域？
- 是否有制度规定员工可以就工作场所遭受的不公平待遇提出他们的顾虑？

3.2.22 主管和领导者没有为在管理岗位任职做好正式准备

在过程工业领域，人们往往是依靠技术优势而非管理技能被提拔到管理岗位

的。许多时候，这些人主观的管理技能是缺乏的。通常，这是公司而非个人的过错。公司可能没有对这些新任领导进行相关内容培养，使他们具备有效管理人员的能力。当公司提拔某人进入领导岗位而不提供基本领导技能的培训，会导致新任领导进取心强或者相反，产生执拗的行为。其结果是破坏了新任领导的职业生涯，也将该新任领导管理下的人员置于困境之中。

- 是否制定了正式的筛选流程，以确保那些有晋升意向的员工具备与人共事的能力？
- 是否为所有管理岗位建立正式的继任计划，以避免这些岗位出现空缺时仓促做出任命的决定？
- 人力资源部门是否使用常用的工具和方案为技术人员向管理岗位转变做准备？
- 公司是否提供如何成为成功的主管和经理的培训？
- 公司是否对管理者的管理水平进行评估？

3.2.23 指令传递规则定义不清

一套指令传递规则是及时传达指示的先决条件。有效的指令传递规则能够确保工作的各方面都得到合理的分配和解决。出现紧急情况时，指令传递规则可能会根据情况发生变化。领导者应确保在任何时候指令传递规则都是明确无疑的。

指令传递规则定义不清晰是指公司破坏了人们所需的准确、及时的沟通或指令这一预警信号揭示了组织陷于无法准确、及时地沟通和指挥所有相关人员。从本质上讲，当人们不知道谁负责时就会存在组织真空。在危急关头，所有员工都必须知道要由谁来指明方法。当你不按指令传递规则行事之时，也就是决策过程界定不明之时，这种情况为重新控制公司运转带来困难。除非建立起清晰的指令传递规则，否则将会出现混乱的局面。

曾出现过这种情况：由于缺乏指令结构，在困境之下，由领导去完成技术员的工作。有一种非正式的指令传递规则，在该规则之下人们会有“在这里到底要怎么才能把事情做好”的情绪。这种情况是否存在？

- 高层管理人员是否以一种鼓励和强化合理的沟通与批准的方式监督日常运行？
- 是否有一套管理机制规定要与员工沟通指令传递规则的变化？
- 是否确定紧急情况下的指令传递规则？

3.2.24 员工不知道有标准或不遵守标准

当有大部分员工都无法告诉审核员过程安全的基本目的，那么这个迹象表明了企业文化未能有力地强化过程安全的基本原理。如果看到基本的个人安全标准

（如听力保护）都没有管理好，那么这体现了企业文化的不足之处。基本标准不到位，对个人安全、过程安全、健康和卫生控制知之甚少，这都说明了安全文化基本层面的缺失。

• 企业安全政策是否要求员工遵守公司标准？
• 是否将新标准通知员工？
• 是否提供相关资源对公司标准的含义和关联性进行解释？

3.2.25 组织内存在偏袒

明显偏袒个人或部门会导致错误的运行和维修决策。偏袒会中断与团队其他成员之间的沟通，限制组织选择的能力。这会导致工作场所士气的普遍下降。

• 是否有人向部分员工提供特别安排，让这些员工完成可能更有易于出成绩的任务？
• 是否有人向部分员工提供更多的加班机会，这些人是否比其他人收入更高？
• 员工意见调查结果是否显示存在这种偏袒？如果是，跟进措施是否将这个问题解决？
• 人力资源部门是否使用目前业界公认的招聘工具为新岗位筛选人员？

3.2.26 高缺勤率

当员工已形成这样的观念——不论哪天都可以选择上班或是不上班，那么导致这种现象的问题常出在企业文化上。某次缺勤可能会有一个正当的理由。但是，总的趋势能够表明员工对工作场所毫无兴趣。这可能是由于工作环境、社会条件或者招聘方式不佳。高缺勤率可能也说明员工有可能在找其他工作机会了。最后，员工的高患病率是许多原因造成的，包括工作条件、工作场所的不满情绪。

• 您如何确保新员工清楚了解出勤政策？
• 工厂制度的实施是否对所有员工都是一致的？

3.2.27 存在人员流动问题

关于高于正常水平的人员流动率所体现出的预警信号，要考虑两个方面内容：

• 在公司的人员、团队和工作组之间或内部的行为因素；
• 工作环境。

要确定流动率低于预期，其难度会更大，并且解决该问题也更为费力。流动停滞的职工队伍可能会不愿意接受新思想，或不愿意与时俱进。不论是管理层还是一线员工的人员流动发生停滞，都会成为另一预警信号——偏差常态化。

- 与附近工厂的薪酬和福利相比，贵工厂是否与之相当？
- 贵工厂是否分析员工流动的原因并实施相应的行动方案？
- 工厂如何保持员工热衷并参与新岗位和职责的学习？
- 您是否为贵工厂设立合适的人员流动率？
- 组织变化、人事变动是否过于频繁，导致领导者很难获得责任感？

3.2.28 不同班组的操作实践和方案各不相同

虽然已有正式的程序规定如何完成公司内的作业，但许多作业都是由班组执行并管理的。例如：

- 访客登记规定的遵守；
- 午餐休息时间的安排；
- 装置巡查规定（人员，方式，时间）；
- 考勤管理；
- 操作方案的选择（如：使用两台泵还是一台泵）；
- 现场作业时的备用方案的设置（如：取样）；
- 应清洗设备的选择；
- 配置的控制。

就开展以上某些工作的方式而言，会存在部门之间不同、甚至班组之间也不一致的现象。实际上这个班组可能还意识不到其他班组的做法。如果这些差异广泛存在且非常明显，那么差异就会对工厂运行产生威胁。这些差异违背了纪律一致性的观念。

- 在班组之间、工作队之间保持相同操作实践的最好方式是什么？
- 员工是否意识到工作团队之间的不同之处？他们是否将其视为一个问题？

3.2.29 频繁的所有权变更

当经济环境良好时，出于降低单位生产成本的目的，公司合并与收购会有所增加。一旦所有权发生变化，所有工作人员都可能被要求接受一套全新的标准和操作规程。任何形式的变化对工作人员来说都会形成挑战。频繁的所有权变更可能会加剧这一挑战。企业努力将新的期望传递给员工，就可以避免疑虑，避免挫伤大家的积极性。否则，他们可能会觉察到还有新的变化正在发生。最终，过程安全绩效就会受到影响，重大事故就可能会发生。

- 是否建立良好的过程安全文化并清晰地界定要实现的目标？
- 是否制定沟通策略，以向员工传达所有权变更后的期望？
- 是否有一个变更管理制度用于支持可能发生在你组织内部公司所有权的

变更？

3.3 案例分析—美国“挑战者”号航天飞机爆炸

1986 年 1 月，美国“挑战者”号航天飞机在升空不久后爆炸，七名宇航员遇难，这起灾难沉重打击了美国的太空计划。这起灾难性事故是由一个固体燃料推进器之间的连接密封橡胶 O 形圈失效导致的。

发射当天史无前例的寒冷天气使橡胶变脆，再加上连接处的设计纰漏，导致热的燃烧气体从点火后的火箭逃逸。燃烧的火焰和热气体透过了支撑火箭的金属板，当火箭外部件释放后，外燃料箱被摧毁，液态氢和氧提前混合进而导致了爆炸。

在调查过程中，很明显发现有一个非常完整的火箭推进器的设计问题历史记录，包括 O 形圈连接件完整性的记录。在之前的“挑战者”号发射后，美国宇航局就有成员发现了橡胶圈损坏，他们简单对组装流程（而不是设计）作出改动，并继续下一步的发射任务。不断高涨的确保航天飞机成功发射的氛围反过来不利地影响了成员对 O 形圈问题的处理。宇航局中层经理要求立刻给出技术问题的解决方案，从而一而再地背离安全规则。一段时间以后，中层经理就把偏离视作正常，所以偏离对他们来说就变得没有偏离和可以接受。有了前面带有问题发射任务的成功，中级管理层逐渐开始接受风险，并不再和高级管理决策层沟通他们担心的问题。虽然接受项目计划受阻是难熬的，但这种痛苦和航天飞机的摧毁相比又是多么的微不足道。

美国航天局的组织成员高度复杂。私营顾问被聘任来支持项目的重要环节，他们的生活依赖于整个发射任务的成功。并且，“挑战者”号项目的运行方式更像商业活动，基于以往的发射成果来取得下一步的资金支持。稳固资金预算的能力取决于好消息的传播广泛程度。生产方的目标着重在每个发射节点的日期。在安全问题和潜在隐患光影的笼罩下，项目工作不断推进。如果项目成员能够一致同意推迟下一步工作，直到全部技术问题圆满解决，这个灾难性事故就可能得以避免。一个强有力的安全文化将会确保始终持续和一致的关注重大问题。在大型组织中，能做出不受欢迎但有助于成功的决策的职责往往不明确，有效的领导应该是可以使人挺身而出，挑战现状，而不必担心后果。这就是领导力的全部。

虽然严格意义上来说，“挑战者”号爆炸并不是工厂事故，但这起灾难性事故的实质和许多已经在工厂中发生的过程安全事故类似。事实上，许多美国航天局的系统失效和过程安全要素失效高度一致。一些过程安全要素在同一时间失效是组织的过程安全文化失效的征兆。过程安全文化是一个运营体可以取得成功的基石。没有安全文化，其他手段只能部分发挥作用。

- 哪些行为可能会阻断导致这起事故的事件链？
- 为什么未采取这样的行为？
- 谁应该承担起这样的职责？
- 到哪一点这起事故已不可避免？

这起事故作为一个经典案例，说明这类大型复杂组织结构缺乏有效的管理系统，没有倡导团队领导力，从而导致重大损失。

【练习】 你能识别在这起事故发生前的预警信号吗？

第4章 培训与胜任能力

热爱学习，就像生命能够永恒

——甘地（Gandhi）

4.1 什么是有效培训，如何衡量能力？

有效的在职培训为工人们提供初步且不断更新的知识与技能，以提升安全执行工作任务所要求的能力。安全执行工作任务需要以注重质量、环保责任以及经济效益的方式进行。培训只有在行为发生改变时才有效，能力评估是通过工作中或生产场所的实际演练来实现的。

工厂负责人是否能够识别他们可利用的安全设备的所有组成部分，是否了解设备如何运作，他们需要做些什么来确保设备正常运转。在经过能力评估证明此人可以应用培训内容之前，不应当认为此人有胜任的能力。能力是知识、技能和态度的集中表现，三者结合在一起才会有高效的工作表现。因此，有效的培训计划应以这三个方面为目标，目的是为了最大限度地影响员工的工作表现。

称职的工人在防止灾难性事故发生方面是必不可少的。课堂培训与在职培训都很重要。周期性验证和应用准确的程序将确保工人能胜任和有正确的态度、知识和技巧从事其工作。有效培训确保员工能够不断运用培训内容并且理解培训的价值。通过对比有效培训前后的行为，管理人员可以发现这些变化。

在生产企业的操作中，高质量的培训和技能评估最终能使工人们在规定的安全操作范围内操作复杂系统以满足产品的规格，最重要的是，要避免重大工业事故。有计划的正规培训可以帮助确保工人按照既定的设计，安全有效地操作加工设备。应按照满足操作的技术设计要求和现场操作管理系统的操作标准来规划和管理正规培训。

在本书提供的众多案例研究中，事件的根源包括培训和能力的不足。更重要的是，随着导致灾难性事故的相关事件的发展，工人们没能识别下列三件事件中的一件或几件：

• 表明灾难性事件迫近的预警信号；
• 事件发生的速度；
• 事件的潜在后果。

在这三个方面提供培训，对于工作在可能发生灾难性事件的工艺中的工人来说是至关重要的。

4.1.1　培训的三种基本层次

生产企业的培训模式由三部分组成。每部分的描述如下。

（1）基础培训：基础培训包括诸如现场工艺危害、压力、温度、流量、通用安全工作准测、风险识别与风险评估、监管培训、公司概况培训、个人保护设备、紧急情况应对计划程序，以及通常的处理步骤等，在分析阶段都有适当说明。

（2）基础工艺培训：工艺概况培训可包括设备结构、工艺过程和设备危害、化学和物理变化相关的主题，以及与操作、维护和物料相关的特殊安全操作实践。应强调与新设备和化学品相关的危害。

（3）具体的岗位培训：包括对新的或修正的操作程序、安全程序和维护程序的培训。过程安全的具体岗位培训应包括控制和管理过程安全风险的所有系统。

为工厂操作员岗位设定的培训应包括如下几项：

• 员工受聘时接受的基础培训（或是受聘之前已经完成的基础培训）；
• 指派员工执行任务的每项工艺的概况培训；
• 操作人员需要从事的每一项任务所涉及的设备和安全管理体系的岗位程序培训。

这个培训指出了岗位的初始任务所需的能力，并且能够抓住工作任务中的变化，以及在工人进行交叉训练或改变任务时所需的培训。

4.1.2　能力评估

有必要为工人们提供适当的能力评估。能力评估是对工人在实际中如何将技能和知识运用到指定任务中的一种实际评价。人们一般通过以往的经历、培训及应用来获得知识与技能。重要的是能力评估实际上检查并核实了工人们是如何将这些技能应用到实际工作中。我们一般通过完成一次培训课程和通过一次测验来认定能力，或者是用其中一种方式。单独一项并不能证明能力所在。我们要把能力评估看成是工厂运营的重要组成部分，高质量的能力保证系统包括定期的且经过鉴定的能力监测。

将下列能力保证体系的例子与现场操作进行比较。

- 认定特定职位的任务和任何具体岗位所需的能力；
- 在指派任务前认定所需的最低能力标准；
- 处理没有通过能力评估的工人的流程；
- 识别如何获得能力；
- 指定能力评估人员；
- 确定培训计划以发展能力；
- 评估是否培训起了作用以及是否达到了相应的能力水平（通常通过书面测试和岗位绩效测试进行评估）；
- 进修能力监测与核查；
- 培训与能力记录；
- 审查培训与能力计划的系统表现。

4.2 有关培训与能力的预警信号

以培训和能力评估来鉴别的预警信号如下：

- 缺乏对可能发生的灾难性事件及其特点的相关培训；
- 对工艺操作的风险及相关材料培训力度不够；
- 缺乏正规有效的培训计划；
- 工厂化学工艺的培训力度不够；
- 缺少对过程安全体系的正规培训；
- 缺少说明每个员工能力水平的能力记录；
- 缺乏对具体工艺设备操作或维护的正规培训；
- 经常出现明显的运行错误；
- 当工艺波动或异常时出现混乱；
- 工人们对工厂设备或程序不熟悉；
- 频繁的工艺异常；
- 培训计划被取消或延期；
- 以“勾选”的心态执行程序；
- 长期员工没有参加近期的培训；
- 培训记录没有进行更新或不完整；
- 默许较低的培训出勤率；
- 培训材料不当或培训者能力不足；
- 没有恰当使用或过度依赖基于计算机进行的在线培训。

4.2.1 缺乏对可能发生的灾难性事件及其特点的相关培训

工厂可能发生的灾难性事件类型包括：

- 油气云爆炸；
- 火球；
- 沸腾液体膨胀蒸汽爆炸；
- 高压容器爆炸；
- 通过自动制冷进行低温脆化；
- 失控的分解；
- 失控的反应；
- 缺少冷却；
- 释放剧毒物质；
- 自燃。

工厂员工对下列事件缺乏基本知识时，预警信号会非常明显：

- 可能发生在工艺中的潜在灾难性事件；
- 阻止此类事件发生的适当的系统和控制方式；
- 一旦超出便有可能导致灾难性事件的临界安全变量；
- 表明灾难性事件逼近的预警信号；
- 事故发生所花费的时间；
- 事件的发生对此地区员工可能造成的结果。

你所在企业是否通过考察培训模块的内容或向工人就以上所列话题进行提问的方式，来确定此预警信号的存在。

4.2.2 对工艺操作的风险及相关材料培训力度不够

工厂的员工似乎缺少对现场风险意识，具体说是工艺风险的未充分了解，这是一个重要的早期预警信号。

工厂的员工了解与现场工艺、工艺材料、工厂及设备风险相关的过程安全风险是至关重要的，这一点对于操作人员和维护人员来说也尤为重要。一旦他们了解了这些风险，就能够运用和维护管理风险的控制方法来更好地管理这些风险。

- 工厂领导层能否确保现场培训和能力管理体系完全包括了这些工艺风险？
- 如果培训计划不足以进行担保，你会通过能力评审对在岗人员进行监督和审查吗？

4.2.3 缺乏正规有效的培训计划

这项早期的预警信号说明没有适当的管理系统培训工厂工作人员。这暗示了普遍缺少管理体系及其应用，而且企业内部缺少培训管理部门。

运用正规的培训计划，使培训对于从领导团队到临时承包商岗位的所有企业里的层级都起作用。确认每个职位的过程安全培训需求以及所需的能力水平。利用基于计算机的在线培训、课堂培训和实地培训相结合的方式。这样能够在培训与能力记录上做正式的记录且便于查找。

证明过程安全培训系统有效的证据包括诸如培训记录、资格证明记录或者是培训材料本身之类的文件。当同类岗位的员工工作表现与培训不一致时，课程可能需要因人而异，即使针对同类岗位。若领导层对员工的工作表现最低期望水平不了解，卓越的运营和整体能力就会受到影响。

可以考虑给工厂里每一个工作岗位制定一个课程表，其内容应该反映出在岗人员在哪里工作以及他们都做些什么。就工作分配和能力评估而言，这对于企业是一个极其宝贵的工具。其他应在每个岗位的课表中重点提出的特定话题包括：

- 具体工艺的知识培训；
- 具体工艺的风险培训；
- 操作程序；
- 安全工作准则；
- 维护程序；
- 应急响应程序。

如果你发现所有这些事情在它们每次发生改变时都会进行修订和相关培训，那么培训活动的文件记载便可井然有序。甚至完全做好一次小型培训都是一项重要的任务。

- 是否有正规的培训计划？
- 培训计划是否包括文件材料与证明材料？
- 培训计划的叙述如何与其执行情况进行比较？
- 培训计划只是单纯满足监管的要求吗？
- 你是否对工作任务进行分析以确定企业所有级别所需的知识、技能及态度。
- 你是否能够确保企业的每个级别都接受了适当的培训。

4.2.4 工厂化学工艺的培训力度不够

尽管此工业在这个领域不断进步，但许多工厂对基本操作、设备设计和员工操作及维护相关的培训仍然不足。甚至有一些工厂都没有正式培训员工如何读取P&IDs，即便正确使用P&IDs是其工作岗位要求的一部分。通常，工艺概述缺少细节性或指导性的系统设计，来帮助操作人员了解更多有关他们所操纵的基本物理工艺和化学工艺的知识。受雇于工业企业的员工应该接受有关每个工艺的具体机械原理和技术的相关培训。在另一个工厂的多年实地工作经验并不能够使一个工人在没有完全了解该工艺的方法和原理的情况下就完全进行一项新的操作。下面的例子说明了培训员工的必要性。

- 例如，烃类蒸气转化是合成氨工艺中关键的一步。工艺过程包括烃与水蒸气在高温催化条件下所发生的反应。此操作从技术上来说较复杂，需要用火焰加热器进行加热，也就是转化炉。与传统的加热器有所不同，火焰加热器的并行管中充满了催化剂。加热器中的每根管都是一个敏感的化学反应器。必须对这些管的温度进行监测，而且维持在安全的操作范围内以避免事故发生。为了控制转化，必须控制蒸汽与碳的比率。因为此项操作的工艺控制要求很繁重，所以即便是最有经验的工艺操作员都应该额外接受关于改进工艺的技术培训。你所在的工厂里，是否为操作员提供每项化学工艺详细的工艺概况培训？

- 工厂是否有一些常驻专家能够解决培训材料之外的技术问题？
- 由于工艺本身存在风险性，对于操作人员、维护人员以及承包人来说是否有单独的工艺概述，这样每个小组就能够把精力集中在各自角色特有的过程安全要求以及工艺风险上。

4.2.5 缺少对过程安全体系的正规培训

如果过程安全中没有正规培训，这便说明该工厂没有对过程安全风险进行有效的管理。过程安全培训应包括企业的各个方面，主要包括以下内容。

- 现场过程安全风险。
- 现用的管理系统。
- 现场风险评估工作人员的角色与职责。
- 风险评估（HAZOP、FMEA 及其他）。
- 需要进行评估的不同风险，如。
  - 操作任务与维护任务的风险；
  - 工作现场的风险；
  - 过程安全风险；
  - 同时操作的风险。
- 确实能够降低残留物风险的控制方法，如消除法、替代法和工程控制。
- 控制过程风险的关键安全系统。
- 工艺系统中影响过程安全操作的潜在条件。
- 维护操作限制的重要性。
- 利用变更管理、风险评估以及技术批准旁路过程报警和联锁。
- 工艺过程现场控制的应用。

在工厂里仍有可能遇到来自操作部门、维护部门以及管理部门里有经验的员工或者一些并不理解其工作职责中的过程安全管理内涵的技术人员。另外，他们也许并不具备支持过程安全的工厂管理体系良好的应用知识。甚至在这些工人定期参加重要的过程安全活动中也可以看出这一点。

企业使其员工了解适用的基本规章制度以及适用设备操作方法的内部管理程

序，便能从中受益。考虑下列几点：

- 员工们更愿意把过程安全看成是注重活动本身的过程而不是注重结果的过程。
- 管理人员是否用自身的行动来支持这个观点？
- 对于一名员工在关键的过程安全要素中的角色理解不当，如过程风险分析，变更项目管理的审查启动前的安全检查，是其他要素中预警信号产生的根本原因。
- 为什么管理人员经常会忽略过程安全角色中的表达能力和支撑能力？

对管理体系要素是如何控制过程安全风险进行有效的培训是很重要的。从工厂领导到新员工，所有人都需要理解他们在过程安全中的角色。有多少工厂员工有参加此类培训的文件证明呢？

4.2.6 缺少说明每个员工能力水平的能力记录

早期预警信号说明没有正式的培训计划，或者没有针对性培训的记录与能力评估。工厂每个岗位或职位所需的最低能力标准和最高能力标准的识别在管理与控制工厂过程安全的过程中非常重要。管理与维护培训及能力记录的系统清晰地展示了进行培训与能力评估的，正式的过程。利用这些记录进行内部与外部的审计与担保。

- 你所在的企业布置任务的时候是否使用能力记录或技能档案，来追踪及监控工厂工人的能力水平？

4.2.7 缺少对具体工艺设备操作或维护的正规培训

寻找一些证据，证明你所在的企业把工作任务的具体程序教给了所有员工，如他们的职位所要求的那样，具体说是维护部门和操作部门的生产技术人员。你或许会发现证据以下列形式存在：程序培训的材料与记录、工艺概述培训，或供应商培训课程。

- 管理人员是否要求培训部门定期对每个工作岗位的工艺风险培训模式中的细节水平进行复查，并根据需求提供额外的培训。

◇对操作人员进行相关领域设备的关键操作界限以及了解这些界限的重要性进行培训，是有相当大的好处的。在非正常操作时期，这样做使决策过程更加容易。

4.2.8 经常出现明显的运行错误

经常出现的错误（包括那些引起工艺联锁停车和工艺波动的错误）表明对操作人员缺少培训和能力要求。如果你没有对这个预警信号做出处理，就可能导致许多过程安全的防护层失效。同时增加了发生灾难性事故的可能性。培训与能力评估应该指出过程安全中的保护层，便于操作人员了解以及帮助维护它们。

通过交接班记录表、检验记录以及事故报告来证实这一点。培训在绩效上并不总是存在问题，但却总是受到指责。在评估这项预警信号存在的时候，也应考虑人为的因素。熟练的培训者能够帮助管理人员决定什么问题是培训相关的，什么问题不是。

- 此为是否经常利用培训这种方式去解决与培训不相关的问题？
- 你所在的企业是否利用指导系统设计模式对培训需求进行评估，以免提供一些不必要的培训？
- 如果培训是正确的行为，那么你们工厂是否利用指导系统设计模式来完成培训？

偶尔发生的小错误是可能发生重大错误的领先指标。如果企业对此并不关心，它便支持偏差正常化。

4.2.9 当工艺波动或异常时出现混乱

如果你在生产企业的控制室待待上一段时间，如化厂或炼油厂，你就会发现工艺波动的应对措施。每个工艺关于如何处理情况，如何恢复工艺控制，如何知道什么时候启动停车或紧急停车，这些细节方面都是独一无二的。在这几种情况中工人没有达成一致的情况下，有可能产生冲突。做出一个安全的决定可以缓和这种冲突。这样的冲突也许会导致混乱，而且暴露出缺少明确的领导的问题。在工艺波动期间，对小组成员之间的交流情况进行观察，以评价其在对正确程序识别及执行方面的有效性，这种做法或许对于评价这个信号是有用的。

- 如果你观察到这项预警信号，就要对员工的复习训练记录重新进行评估。
- 是否需要经常对工厂里应急操作和紧急停车程序进行培训？
- 工厂的复杂性和故障的风险是否过高，需要考虑把工艺模拟器作为培训工具才合理？
- 你们工厂是否拥有对异常情况的管理工艺，包括一些帮助操作程序恢复控制、进入安全操作阶段或开启安全关闭系统的培训？

4.2.10 工人们对工厂设备或程序不熟悉

工业设施是典型的复杂操作，在此类操作中，材料的危害及偏离程序的后果也许没有那么明显。雇主有责任确保员工在接受指派任务之前接受全面和有效的关于过程危害的培训，无论该工作是长期性还是暂时性的工作。对工厂培训记录进行审查以确定两件事。

• 培训要求是否明确?
• 如果培训要求明确，是否执行了培训要求?

事实证明对员工的工艺及其危险性知识进行实地审查也是有效的方式。考虑下列活动（行为）。

• 让工人找出某个具体程序。他们是否能够轻松快速地完成?
• 使工人明确他们所在领域中紧急程序的步骤。
• 决定工人们以什么方式接受操作程序修订的培训。
• 针对复杂的变更，培训是否全面?
• 在现场设备与管道系统是否全部标出?
• 对工厂培训技术人员如何读取与理解 P&IDs 的情况进行评估。
• 对外部任务的协调情况进行观察。工作程序进展是否顺利?

4.2.11 频繁的工艺异常

表明一项过程操作接近操作限值或超出操作限值的预警信号是一个重要发现。相关例子如下:

• 火炬异常;
• 工艺条件不稳定;
• 安全阀（减压阀）起跳;
• 激活报警和联锁;
• 糟糕的运行绩效。

在没有识别出不稳定的原因的情况下就立即对其进行调查。如果继续在操作极限之外操作会增加发生过程安全事故的可能性。

工厂领导人员利用现场性能管理系统监测与追踪操作限值的偏离情况。如果该工厂一直在操作限值之外运行，那么精心设计的关键绩效指标会提醒工厂的领导。或许表明某个特定操作人员、某个班组能力不足。或许也表明系统中存在工程缺陷，如果是这样的话，需要评估关于缺陷暴露前工艺持续运转是否安全的决定。可能存在物理或设计问题，但或许说明要重新修订培训材料和程序。

• 企业是否对工艺异常的趋势报告进行有效评价?
• 是否有必要进一步调查以确定最佳的行动项?
• 在事故调查中是否进行趋势分析?
• 在经常发生的带有一些解决不了的问题的波动中是否有共性?
• 是否确定了根本原因? 是否完成了行动项?
• 你的操作中是否总是出现一些新的方式，会把混乱带进操作中，如果是这样，表明系统上的管理体系出现问题。

4.2.12 培训计划被取消或延期

培训是重中之重，定期培训的实施和出勤率也反映出这一点。 除非有紧急情况，否则不应重新安排培训课程。这个预警信号表明缺少系统的监测和追踪方法。可能的原因如下：

- 工厂领导没有追踪和监测培训出勤率；
- 工厂计划和调度过程较差，工厂被动运转；
- 领导认为培训员工没什么价值。

如果工厂取消或推迟培训课程，给员工的感觉可能会是：培训与能力评估对于管理层来说不如其他驱动因素那么重要。如果持续下去，会导致能力的普遍下降，因此增加了过程安全风险的可能性。虽然有可能是由于正当的理由才取消或推迟过程安全的相关培训，但企业由于其他的优先项目而忽略培训时，说明企业的各项目标之间是有矛盾的，这一点很容易想到。

- 公司是否检查培训计划与培训出勤记录，以找出异常的现象？
- 企业领导是否定期出席培训的开始和结束会议或检查培训质量？

4.2.13 以“勾选” 的心态执行程序

不要把基于检查表的程序的良好实践与这个预警信号混淆。这里刻意的“勾选”心态是指工人对工艺和工艺中的风险表现出的最低的理解程度。即使工人们所做的事没有任何意义或根本不起作用，企业也会鼓励工人严格遵守程序。在工人们完成任务的时候，对控制室里、操作台旁以及现场的工人进行观察。

- 是否具有充足的资源和支持来对工人关于轮班的问题和困难做出回应？
- 当事情并不像计划那样发展时，工人们是否使用积极（正面）的方式来停止这项工作？
- 工人们是否了解他们所从事的领域中的工艺风险？
- 工人的能力评估是仅限于程序的遵守或还有其他形式？
- 是否用任务分析来识别每个工作岗位所需的能力？
- 是否有任何迹象表明，维修任务和工程任务也是一个问题，你可以用类似的方式解决？

4.2.14 长期员工没有参加近期的培训

在工厂的培训记录里及与有经验的工人的访谈中寻找此类预警信号。提出以下的问题：

- 有经验的工人们是否接受了关于近期变更的培训？
- 有经验的工人是否缺席相关工作的培训课程？

• 有经验的工人有时会缺席培训，是否因为培训的内容是在重复他们已经知道或认为他们知道的内容和概念？

如果以上任何一个问题的答案是肯定的，那么表明复训计划并不充分并且培训管理体系很糟糕。基于培训需求的评估，对于最低限度的复训应有固定的频率。

• 你是否使用上岗培训评估来让长期员工传递他们所熟知的信息？
• 管理人员是否能够证明他们积极参与到所要求的培训中？
• 是否同有经验的工人协商培训项目的内容、频率以及适用性？

4.2.15 培训记录没有进行更新或不完整

在正式审查或非正式复查期间，检查培训文件时，这项预警信号会较明显。建议记录应该包括下列项目的文件：

• 接受关于应用过程中的工艺综述模块的培训与评估；
• 接受工作相关的过程安全培训和模拟培训与能力评估（以及随后关于这些程序的所有修订的培训）；
• 有关工艺变化以及工厂如何评估能力的培训（根据变化的范围，这或许是从培训课上签名到参加考试，并且证明了实地的工作能力）；
• 接受有关当前操作程序的复习培训及能力评估；
• 有关特殊风险的复训课程（例如，可能导致灾难性事件的应急响应程序的桌面演习）；
• 雇主与职工代表就复习培训的所需次数进行协商；
• 培训与能力评估有工厂领导监测和跟踪。

如果缺少以上任何记录，便能够证明领导者也许并不把培训看成是防止灾难性事件的工厂程序的重要组成部分。在审查中，如果没有培训的出勤记录，那么我们就会认为培训没有进行。

• 你们是否要求培训部门确保培训执行阶段要严格遵守所有培训活动的培训文件？

4.2.16 默许较低的培训出勤率

评估此预警信号的存在有一种简单的方式。如果工厂每年（或定期）有强制性的规定的培训要求，唯一可接受的出勤标准是100％。

• 检查一下培训记录。是否所有相关员工都参加了必要的培训？是否有任何文件显示参与者达到了学习目标？
• 检查一下对于缺席行为是否有任何跟进？
• 是否存在让管理人员对培训项目中的不足负责的体系？

4.2.17 培训材料不当或培训者能力不足

培训材料应该不断更新和提高。培训师本应具备实际的交际能力与培训能力。如果缺少这些条件，表明管理人员并没有意识到培训是防止灾难性事故发生的基本工具。没有进行充分的培训也是管理上的失败。如果培训材料看起来很匮乏且杂乱无章，不以基于工作任务分析为基础，而以过期的过程信息为基础，或许他们并不适用于支持卓越的操作运行。如果你并不是因为培训师在专业方面的知识与能力选择他们，然后开发他们作为导师的能力，这个预警信号就出现了。

- 是否有适当的可靠体系用于选择内部培训师？是否有考虑过用技术知识与所需的交际能力去衡量有效的指导者？
- 培训部门是否使用教学系统设计模型重新审查每个工作岗位的工作任务分析，以确定支持高质量的工作绩效所需的知识、技能和态度？
- 管理人员是否赞成按工作岗位的工作任务分析来修改培训内容？如果不赞成，该预警信号或许显而易见了。

4.2.18 没有恰当使用或过度依赖基于计算机进行的在线培训

基于计算机的在线培训（CBT）是一种利用计算机或掌上设备就可以进行自主学习的系统。CBT 的使用越来越普遍，尤其是在培训资源有限的小型工厂或大量工人在短期内必须接受培训的工厂。CBT 有其自身的优势，但缺少老师与学生之间的交流。

仅仅要求员工参加专项培训项目的 CBT 培训可以采用几种形式：让员工阅读简单的 PPT 介绍，结尾带上“你理解了吗？”这个问题，或者是阅读设计良好、发展良好的 CBT 模块，以检测执行重要任务所需的高级知识层面。

良好的 CBT 模块包括与培训模式相符合的有效的测试问题。它们把结果直接输入工厂员工学习管理数据库，实际上记载了参与者行为的改变。

一些企业过度使用 CBT，以至于工人们与技术熟练的培训者之间很少交流。监管机构经常对 CBT 的使用持怀疑态度。在一些传统培训方法不再使用的情况下更是如此。当公司不能核实培训有效性的时候，便在一些管辖权中进行基于计算机的在线培训。培训应该在培训师培训与 CBT 之间平衡。如果使用 CBT，CBT 之后是培训者的界面操作时间。

- 在工厂的操作运行中是否评估 CBT 的有效性？
- 如果有人要求你们，你们是否愿意而且能够在 CBT 方面做出改变和提高？
- 在 CBT 期间有问题出现时，培训师是否会随时提供帮助？

4.3 案例分析 澳大利亚天然气加工厂的蒸汽云爆炸事故

1998 年 9 月，一场大规模的爆炸事故发生在澳大利亚东南部的埃索郎福德天然气加工厂。两名工人死亡，另外有八人受伤。工厂大部分设施遭到破坏（被毁），造成维多利亚州连续几个星期天然气供应受到影响，经济损失超过 10 亿美元。

埃索郎福德厂包括在 20 年期间修建和整改的三个独立的天然气加工厂。位于澳大利亚东南沿海的海上平台供应石油和天然气。工厂把石油与天然气分开，并将各种产品通过对应输送管线供应给商业和国内市场。中心控制室位于 1969 年建造的 1 号工厂附近。

工厂面积很大，似乎拥有最新的技术与设备。近期的改动包括冷却箱制冷，用于分离天然气中的不同组分。事故发生前的十年里，由于日积月累的冰，操作一直受到管道堵塞和限流的困扰。这种现象在天然气加工厂很常见，是由低温下水合物引起的。这是残留水分在管道内凝结及冷冻的结果。水合物的生成可由加热或小心调整流速来控制。如果没有对水合物的问题进行处理或控制，天然气加工厂的操作极易波动，令人吃惊的是，在事故发生前的十年里，水合物的问题及工艺波动的情况经常发生但却很少上报或进行调查。这些都看成了操作中的正常部分。

1998 年冬季期间，工厂在分馏塔方面遇到了一次异常情况。该事件发生在学校放假期间，许多技术人员不在现场。那天的轮班主管是一名维护主管，对于设备的操作经验有限。员工们尝试修复控制阀的泄漏，整个早晨做了几次工艺调整。他们这样做为了直接解决出现的问题。没有任何操作程序。工人们没有遵守这种情况的任何已有计划。在经过四个小时试图建立循环的反复尝试后，一名工人开始启动泵，把热石脑油抽到极冷的换热器中。由于低温脆化换热器立即破裂了。这次的操作失败释放了大团可燃的碳氢化合物。几秒钟后，蒸气被点燃，并摧毁了几乎整个工厂，同时造成两人死亡。

埃索郎福德的灾难性事故不仅仅是偶然产生。为了提高生产能力，所有者对工厂进行了几次改造。减少了劳动力的数量，却没有对企业这一变化的影响做出充分的评估。在进行彻底调查后，发现下列预警信号：

- 没有进行工厂工艺风险分析；
- 几乎没有正常的操作规程；
- 对于长期以来管道中水合物堵塞的情况，有关的工艺异常进行了记录却没有进行调查。如果识别出这类问题并进行了处理，或许就会避免这起灾难性事故；
- 工厂的工人和管理人员没有接受过低温脆化现象以及产生灾难性事件的

培训；

- 企业没有组织变更的管理层，从而造成没有分配临时的监管责任；
- 事故当天工厂的主管人员没有接受充分的工艺操作的培训；
- 仪表和报警系统没有进行适当的校正和调试。

在一家大型工厂里，如天然气加工厂，操作失误及前所未有的事故能够发生。为了可能识别灾难性事件的预警信号，操作人员应该接受培训。工人和主管人员必须要彻底了解工艺材料的性质及风险。只有彻底了解这些风险，他们才能够有效应对预警信号。现场培训计划应该包括灾难性事件的潜在因素、预警信号以及后果。只有在工厂进行过程危害分析，并且为每项重要任务编写准确的操作及维护程序之后，才能进行此类培训。工艺风险分析的结果及程序是建立和执行一项成功的培训计划的基础。

【练习】 你能够识别出可能发生在此事故之前的预警信号吗？

第5章

过程安全信息

知识通常有两种类型：我们通晓某一科目，或者我们知道到什么地方去寻找有关某一科目的信息。

——塞缪尔 · 约翰逊(Samuel Johnson)

5.1　危害识别和风险管理的关键信息

过程安全信息是一个记录和沟通系统，来管理有关化学品危害、设备和技术等信息。基于风险的过程安全（RBPS）是工艺过程知识。过程安全信息确保我们能够识别和理解危害。工厂的过程安全信息记载着安全设计，运行和维护，工艺设施退役的合理性依据。所有的设计、程序、运行策略、培训计划、维护计划和管理决策应反映出，对于每个操作区域的工艺危害，过程安全信息是应被知晓和理解的。应确保每个员工可以方便地获得关于过程材料、化学品性质和库存、操作参数、设备的细节和相关功能的最新文档。过程安全信息在根本上支持明智的决定和负责任的行为。

下列是诸多工艺常见的过程安全信息：

- 工艺描述，包括物料、过程化学原理以及确认的不期望发生的化学反应；
- 物料平衡和能量平衡；
- 化学品安全技术说明书；
- 内部工艺流体的相关危害［包括毒性，允许暴露限值，物理性质，反应性，腐蚀性，放热和化学稳定性，与工艺流体中含有的其他物料错误混合的有害影响，公用工程系统，常见的污染(比如大气和水)］；
- 物料库存范围（包含预期的最大库存量）；
- 工艺参数的安全上下限（例如，温度、压力、流量或组分）；

- 偏离安全限值的后果；
- 管道和仪表图（带控制点的工艺流程图）；
- 方框流程图或工艺流程图，取决于工艺的复杂程度；
- 电气区域划分图（在有些国家也叫危险场所划分图）和相关的支持数据；
- 泄放系统的设计基础和计算，包括火炬系统的设计基础；
- 通风系统的设计基础；
- 硬件基础建设选用的材料；
- 设备数据表和供应商数据表；
- 单元总布置图；
- 安全系统（例如，联锁、探测器、灭火系统）；
- 工厂布置图分析文档；
- 可编程的逻辑控制系统信息；
- 能量清单（例如，高压电，爆炸混合物）；
- 危害和风险清单；
- 工艺管线清单；
- 用于工厂和工艺设计基础特定的设计规范和标准。

一个公司应正式定义所有设施要求的过程安全信息类型。为确保满足指导文件的要求，一份正式的指导文件包括需要的过程安全信息（PSI），PSI所有者（对它的维护，准确度，完整度和连续性负责的那些人），每个PSI文件的存放地点，和确保PSI符合指导文件的审查方法。指导文件应当说明实施过程，包括文档管理系统的使用和PSI用户的培训。PSI的要求取决于技术，危害种类，工艺和设备复杂程度，对外部资源的依赖程度（比如互助小组）和当地法规。

5.2 与过程安全信息相关的预警信号

- P&ID不能反映当前现场情况。
- 不完整的安全系统文档。
- 不完善的化学品危害文档。
- 除P&ID以外的过程安全信息文档精度和准确度差。
- 不是最新的SDS或设备数据表。
- 不容易得到过程安全信息。
- 不完整的电气区域划分图/危险场所划分图。
- 不标准的设备标识或挂牌。
- 不一致的图纸格式和规范。

- 过程安全信息的文件控制问题。
- 没有建立正式的过程安全信息的负责人。
- 没有工艺报警管理系统。

5.2.1 P&ID不能反映当前现场情况

保持P&ID的更新，需要工厂有指定的工作流程和必要的预算和管理方针，来维护工厂的P&ID。对一些成熟工厂，可能很容易会有多年的未加管理的变更。这可能导致管理层认为变更太多难以追踪。领导层习惯性地同意无限期推后。更老的工厂可能不会有整个工厂所有的电子版本的CAD图纸，并且一些原始图纸很差以至于不能读或使用。

然而，准确的P&ID是开始管理过程安全的基本要素。P&ID对安全操作工厂起关键作用。

- 它们用在创建操作程序上。
- 它们用在工厂操作人员的培训上。
- 当对操作做调整或变更时，它们是可见的交流工具或路标。
- 它们提供了工艺的流程图。
- 它们是中控室和现场操作人员查找技术信息的来源。
- 它们用在定期工艺危害分析中来识别危害。

当P&ID的准确度降低，它们可能不能反映现场设备的使用方式。使用P&ID作操作决定可能是错误的，就像下述情形：

(1) 一个现场操作工联系中控室，反映换热器的连接有泄漏；

(2) 中控室操作人员指令现场操作人员使用上游分配头旁路换热器；

(3) 但是，中控室操作工不知道的是，最近一个辅助的旁路安装在换热器上游并且没有记录在P&ID上；

(4) 当现场操作工打开旁路，工艺流体被送到其他不希望去的地方。

P&ID通常标示设备标签和规格，还有设备种类的技术细节。比如额定的泵流量，安全阀的设定点和仪表量程。最后，控制回路和停车简图应该使用P&ID来记录，解释和加以理解。

在有些国家，当地的安全法规明确规定，要求图纸和数据能准确反映在现场使用的设备。当一些图纸很明显不准确或过时，整个过程安全信息系统的完整性就令人怀疑。这可能导致执法人员的追究，而且，工厂的人员也会对P&ID失去信心。

- 工厂的P&ID的状态怎样？它们可以信得过吗？有过因为P&ID在现场不能使用而导致的事故吗？
- 你允许P&ID发生错误吗？它们怎么被校正？

• 变动需要经过指定的 P&ID 负责人同意吗？

不准确的 P&ID 会对操作造成风险，但它们也是其他问题的症状。它们是变更管理是否有效的一个有力的指标。现场的变更没有经过必要的危害评估，管理和跟踪。操作部门可以定期检查现场设备和 P&ID 是否一致从而对 P&ID 加以检查。

5.2.2 不完整的安全系统文档

安全系统承担着设计的安全功能。有一些本质上是预防性的（比如泄放阀），有些是一旦发生事故后减轻后果（比如围堰和火灾抑制系统）。安全系统是关键系统。它们要有很高的可靠性，能起作用。当一个组织的安全系统相关的关键信息受到削弱时，这时管理层的注意力需要转移。

安全系统（比如泄放阀和停车系统）需要预防维护计划来保持高可靠性。安全系统文档有助于确保预防维护的完成。安全系统文档对于危害评估也是重要的信息，用来确认有充分的保护层存在。有些国家法规规定需要准确的安全系统的文档，包括设计基础。如果与安全系统相关的文档是不完善或不完整的，问自己以下问题。

• 你们做过各项安全系统逐项检查和它们对过程安全信息的最低要求的评估吗？
• 工厂可以确保有正式的管理变更程序，和适合的文档管理系统来管理安全系统文档吗？
• 你们怎么纠正 PSI 系统的缺陷数据？

5.2.3 不完善的化学品危害文档

化工厂经常处理，储存和加工大量的有害物质。出于良好的原因，大多数国家操作法规要求公司和工人沟通化学品的危害性。通常，所有商业化供应的化学品用 MSDS 来达到沟通的目的。

它们指出了物理和化学性质还有危害性和采取的安全措施。工厂中存在的关于化学品危害的不完善的文档可能会导致危害。

MSDS 本身并不能充分保证工人知晓化学危害性。工人应当知道危害物质库存的实际位置，和它们的量。物质的量很重要，因为它可以影响事故的大小和危害可能影响的距离。最后，工人应当知道不同化学品之间的潜在反应性。有时，当加热到单一的化学物质超过它的稳定点，就会发生剧烈反应，引起高度的危害后果。比如在概念科学公司发生的爆炸，它在 1999 年夺走了 5 条生命。它涉及的物质在超出其温度和浓度安全限值外加工时，发生了剧烈分解。在危害性分析时，为了保证有充分的保护层来防止灾难性事故发生，对化学品危害性的理解是非常关键的。

尽管化工厂有正式的操作和应急响应程序。紧急情况下也可能要求第三方和协助方的响应者在重大事故时提供帮助。对操作可能不熟悉的工人需要文档帮助，来确保他们的安全。这个文档必须包括有害物质的存放地和存放量。

在任何操作工厂中都有副产品和废品。在被移走之前，有时会越积越多。它们可能具有高度危害性，并且通常不在供应商提供的 MSDS 里，这就需要工厂对这些物质建立内部的 MSDS。当这些物质不能确定时，应当采取措施防止工人接触。

- 在过程内部，设备中可能存在中间品。这可能给操作设备的工人造成危害。你测试过这些物质、并且对于结果做好文档记录，来保证工人可以采取必要的预防措施吗？
- 你会把中间品包括在工厂程序中作为 PSI 的要求吗？来保证这个主题在 PSI 用户培训中加以说明吗？

5.2.4 除 P&ID 以外的过程安全信息文档精度和准确度差

不准确的 PSI 文档可以导致设计、操作和维护人员的现场错误。在正常操作中，一个工程师可能基于不正确的信息确定备件。如果工厂维护安装这个备件，操作人员就会使用这个备件，它可能会造成灾难性的失效。不准确的文档增加了犯错的可能性。适用的文档可能包括以下内容：

- 工艺流程图的数据表；
- 布置图；
- 电气区域划分图；
- 单线图；
- 管线设计表；
- 管线接头表（图表）；
- 停车钥匙（图表）。

这些信息对于安全操作至关重要。各类文档的准确记录是对危害性评估，分析紧急情况和评估安全、环境、质量和其他方面合规性的一项要求。

从维护角度来看，不准确的图纸可能导致采购错误的材料。并且这样的错误可能损害操作人员的信心。它们可能选择在将来不使用这些图纸。

- 所有的方框图，工艺流程图（PFDs），工艺设备图和所有和培训相关的图纸都反映了当前的工艺配置吗？

5.2.5 不是最新的 MSDS 和设备数据表

MSDS 用来传递化学品，化合物和化学混合物的安全信息。如果这些 MSDS

没有更新或没有反映当前状态，就可能犯错误。

许多国家有法规规定工厂需要提供所有中间体和最终产品的MSDS。随着条件的改变，SDS需要更新或更改。机械设备的安全功能应当清楚地在设备数据表里加以说明。

设备安全数据表通常强调，在使用或维护设备时，要遵守的特殊的预防措施。在危害评估中，SDS和设备数据表会被使用。最后，设备数据表给备件提供了参考。当这个关键信息不充分或缺失时，替代可能发生，而且可能导致失效，最终引发灾难性的事故。

- 你们怎么来验证书面或电子版本的SDS是最新的？
- 你们怎么保证设备数据表在工厂变更时作过更新？
- 你们怎么保证这个文档被包括在管理变更程序和文档管理系统里？

5.2.6 不容易得到过程安全信息

过程安全信息（PSI）包括那些对于危害评估和安全操作决定至关重要的信息。因为PSI经常来自于技术和工程部门，所以有把些信息放在这些部门的倾向。但是，PSI信息的主要使用者是操作部门。它被用来保证他们在安全界限内操作。除非它们很容易被员工得到，操作人员不太可能使用安全信息。

过程安全信息并不是每天使用，而是有需要时才使用。但是，当需要时，应当能够立即得到它，没有延误。在过去，过程安全信息的书面版本被存放在靠近中控室的工程部门的文件柜里。然而，最近许多公司提供电子媒介，来存储和获得过程安全信息。

- 怎样可以得到你们的过程安全信息？它是最新的吗？有没有使用旧的过时信息的风险？你怎么预防这些？
- 人员受过培训吗，怎样得到过程安全信息？他们反馈的过程安全信息容易使用吗？

操作人员和其他人可以得到最新的过程安全信息吗？你是如何知道的？最新的信息员工可以得到吗？一个过程安全信息使用说明可以规定每个过程安全信息文档的位置，并说明实施情况，其中包括如何使用文档管理系统，和过程安全信息用户培训。

5.2.7 不完整的电气/危险场所划分图

电气/危险区域划分图用于分配各类电气设备，它们可能用在工厂的特定区域。电气区域划分图是基于风险的系统，它从燃料释放角度审查火灾危害，并基于可燃物的潜在点燃火花能定义可接受的电气硬件。工厂的电气区域划分图在布置图上表示。

在有些国家法规中，电气区域划分图也被称为危险场所划分图，它是一个重要的概念，用于防止引入起火源到操作区域，且为了控制维修活动。定义适合自己工厂的电气区域划分图。安装在划定危险场所的电气设备，必须遵守特定的电气区域划分图。在划为危险场所的电气工作，也必须遵守电气区域划分图的特定区域要求。许多工厂依据电气区域划分图的要求颁发工作许可。最后和电气区域划分图有关的一点是非常重要的。电气区域划分图的计算基础必须和其他过程安全文档一起存档。对这个文档的审查是许多过程安全审查程序的一部分。

不完整的或不准确的电气区域划分图可以导致以下两种情况，这两种情况会增加灾难性事故的可能性。

(1) 安装或使用不适合等级的电气设备，在划定的危害区域内，这就将起火源引入操作区域。

(2) 错误实施工作许可证系统，可能将起火源引入到危害性的操作工厂。

考虑下列与这一预警信号相关的问题。

- 操作人员理解电气区域划分的原则吗？他们能够识别出分类的和未分类的设备吗？
- 通过正式的管理变更程序，来管理电气区域划分图吗？
- 当选择新的电气设备时，会参考电气区域划分图吗？
- 在进行风险评估，管理和控制各种作业，尤其是动火作业时，会使用电气区域划分图吗？
- 会审查电气区域划分图，来保证它合规吗？

5.2.8 不标准的设备标识或挂牌

在一个完美的工厂，每个阀门和每件设备都应当在现场有他们独一无二的身份标签。现实工厂中，这不太常见。但是，工人根据设备标签复查工作程序会更加有效。

设备标签对于任何安全程序都是非常重要的。如果设备没有被清晰标识和可见，和其他相似的设备区分，那么错误就可能发生。制造商提供的设备通常带有机械制造信息铭牌。这对于在现场识别设备是不充分的。问一下下面这些问题。

- 标签符合工厂通用设备位号系统吗？
- 从经常工作的位置可以清晰地看到吗？
- 所有的容器，换热器，泵，管道，仪表都有标签吗？
- 电气开关部件和断路器面板都有标签吗？
- 管道的标识是用色带或者涂料，并且有箭头指向正常的流动方向吗？
- 是用颜色来指示工艺投用管线吗？
- 整个工厂都有准确的和最新的设备标签和挂牌吗？
- 是否要求定期重新确认信息？

• 标签是新安装设备的一部分吗？
• 工人接受过培训，理解不同标签和挂牌的意义吗？
• 工人会在设备上喷漆或标注，创造他们自己的系统吗？

一个不好的设备标签的潜在后果是人员失误。如果设备没有清晰标识，当工人在现场工作时倾向于依靠经验和判断。如果这个设备没有和周围其他设备清晰的区分开来，一个有经验的操作工也会偶尔在错误的设备上操作。在一个大型复杂的带有多个相似流水线的工厂这个问题有可能放大。当设备标签不清晰时，参与到工厂开车或工艺波动的工人，也可能因为误识别设备而造成伤害。识别设备对于资深员工，新手和维修工以及承包商都很重要。一个缺失的设备标签可能导致严重的事故。

• 你评估过设备标签，识别准确度和方法的需要吗？

5.2.9 不一致的图纸格式和规范

这个预警信号的存在表明一个组织没有或未实施它自己的格式要求，并且可能允许外部组织使用他们的系统或格式。这经常导致不一致性和质量水平的不同。

• 你们工厂实施一套的图纸标准吗？如果不，对所有新的图纸马上着手创建。
• 在一个合理的时间段内，或图纸需要变更时，你们工厂是否有系统来修改更新每个不一致图纸？

5.2.10 过程安全信息文档控制问题

有效的文档管理主要包括以下几点：

• 保证文档使用者，在任何时候都可以获得所有已批准、他们工作任务需要的最新文档；
• 保证过期文档从系统中移除；
• 保证员工理解并接受关于PSI文档管理指导和程序的培训，并理解他们的职责。

一个组织是否管理硬拷贝文档管理系统或电子文档管理系统（EDMS）的遵守情况，这些对于帮助安全操作是必要的。它听起来简单，但是许多优秀的组织经常发现他们的过程安全信息文档控制缺乏有效性。

过程安全信息有效分发到用户群，保证工人有最新的和工艺相关的文档。分发是一个要求检查和平衡的过程，保证用户接受新的信息。一旦接收到新的图纸和数据表，需要移除以前收到的过时信息。如果不这样做，可能导致混乱和错误。

在一些工厂中，作为个人使用，工人得到过量的过程安全信息。个人电脑文件，抽屉，文件柜经常包含过时的文档。主文档图纸文件可能有同一图纸的多个备份，但版本不同。

这些仅仅是整个分发系统问题症状。当这些问题发生时，通常有它们的原因。在立即校正问题前，应努力去确认这些问题为什么会发生。这可能暴露深层次的管理系统问题。

- 你们的组织已经建立了适合你们组织的最有效的文档控制管理系统了吗？
- 怎样连续的管理所有的和过程安全相关信息？
- 你们已经确定了最好的方式让用户很容易能找到，特定的、已批准的、在文档管理系统内的过程安全信息？

5.2.11 没有建立正式的过程安全信息的负责人

只有当组织制定了具体的职责，管理功能才有效。每个过程安全要素必须有清晰的负责人，组织的每个人承诺遵守 PSI 方针和程序。这包括影响过程安全的每个人，包括从事现场变更的维修工。增加一个排放阀这样小的改变也可能有重大的后果。如果需要定期审查和更新上千个文档，过程安全信息可能对许多工厂来说代价太大。除非协调或维护的很好，否则 PSI 将会有欠缺或差距。对一个新工厂来说，过程安全信息经常是最新并且和现场一致。随着变更或改造的发生，就要求一个严格的系统来保证 PSI 文档的完整性。这必须包括现场变更的红线图，过程安全要素的所有人对这些红线图的批准，和把这些变更在合适的时间内合并成竣工图。在竣工图完成和准备好之前的过渡期内，最当前的红线图必须可以加以使用。

过程安全信息并不会自身保持更新。它应当是整个组织的承诺。如果在一个工厂内没有设立过程安全信息的正式负责人，很可能导致系统存在有质量和跟踪问题。接下来，这些可能导致严重事故。

导致一个过期图纸的可能的原因，是工程部门和操作部门之间不充分的联系和沟通。所有员工必须理解当前文档的安全重要性。更新图纸是一个不太吸引人的工作，除非他们可以充分理解和意识到它对安全操作的重要性。

- 工程师和设计者意识到他们在 PSI 建立和维护中的重要作用吗？
- 工程经理们是否将图纸更新放在首位？还是认为只是要完成的工作？
- 工程师和设计者们会被定期派到工厂单元和那些使用者一起审查图纸吗？
- 你们实施过 PSI 要素审查，来确定是否存在质量问题吗？
- 你们怎么保证更新 PSI 充分考虑了变更管理过程的要求？
- 你们的 PSI 的程序对每一个 PSI 文档类别指定了负责人吗？

5.2.12 没有工艺报警管理系统

操作工对工艺波动或异常状况有效响应的能力，对于预防事故提供了一个重要的保护层。(有些) 工艺可能依赖于操作人员对报警信号的响应。一个报警管理过程的目的是帮助我们以正确的优先级，以控制潜在危害过程条件。报警管理包括报警评价过程，其中根据潜在危害程度，和操作工必要的响应时间。确定小时报警率，警报等级和设定。通常由具有工艺和操作知识的跨部门小组来实施这一研究。报警管理也包括把对关键报警的纠正措施，作为标准操作程序的文档记录。

工艺报警管理系统的缺失可能导致操作工的迷惑或不理想的表现，这可能导致在工艺条件波动时错过报警，和可能导致设备损害或失去维护措施。另外，有效警报管理系统的缺失可能在工艺条件波动时导致操作人员紧张，并且可能导致操作工对操作条件不正确的响应。

- 在所有工厂内，处理报警正确的方法，报警管理过程的任何偏离需要正确记录，并且在组织内部上报至的级别，得到批准吗?
- 你的工厂规定报警管理了吗?
- 报警等级和设置的改变，是作为变更管理过程的一部分吗?
- 你考虑和处理抑制报警，设备报警，旁路报警，异常情况下的报警接受率，报警逻辑和操作目标设定表格，如果运行超出了操作范围，有重新获得控制的方案吗?

5.3 案例分析—英国间歇精馏釜火灾和爆炸

1992 年，在英国的 Castleford，Hickson and Welch 化工厂发生了一起火灾和爆炸。5 个工人死亡，18 人受伤。工厂和附近建筑物明显受损。在主要工艺附近，被认为安全区距离的邻近区域发生了一些人员伤害和损害。工厂自此后被关闭并拆除。

工厂从 1961 年开始运行专门生产高度危害和可燃的芳香化合物。工厂占地 175 英亩 (约 0.71km^2) 并且雇佣了几百名工人。在主要工艺区大约 400 英尺 (约 122m) 的地方存在一个大型的办公建筑和雇员停车区。

这个事故发生在过去用来生产硝基苯的工艺中。一个间歇精馏塔包含一个带有内部蒸汽盘管加热的卧式釜来加热原材料到反应温度。经过 30 年时间，操作发生了改变。但是副产物的沉淀物沉积在蒸馏釜的内表面底部到 14 英寸 (合 35.56cm) 的高度。最后，工厂决定在一次大修时清理设备。不幸的是，这被证实为一项困难的任务。

一个工人试图对沉淀物采样来确定它的坚固程度。但是，没有证据表明送一个试样去分析，也没有对容器内气体做可燃气体检测。这个沉淀物质被错误地认为是热稳定性的焦油。事实上，它包含硝基甲酚副产物，它是热不稳定的和高度可燃的。

为了软化这个沉积物，在釜的底部盘管通蒸汽。给出的建议是不要超过90℃。工人使用金属耙开始了清理操作。这个临时措施持续了至少一个小时。然后几个工人休息后，一名工人回到工作岗位，被从容器水平人孔逸出的强烈火焰烧伤。大火导致多名人员死亡，受伤和几百英尺范围内的设施大量破坏。一些小火也造成了进一步的破坏。

这个事故有几个根本原因。多数大型灾难性事故都是这样的例子。一个值得注意的因素是对釜内残存物缺少正式的化学数据。三十年的过程，没有准确的工艺记录，在定期危害性质分析的过程中，也没有试图对该物质进行测试。一个明显的工艺知识空白把整个操作置于危险之中。大火之后，也不能确定沉积物副产品在正常操作条件下是否稳定了。所有工艺物质的危害性质—原材料，中间体，废品和产品-都必须仔细加以测试和公布给工人和承包商使用。

过程安全信息是这个案例分析的重点，其他的过程安全缺陷也很明显。应当在移除不明沉积物前，需要遵守管理变更程序。在工作场所建立的不正确的程序，直接导致了该事故的发生。最后对操作人员的培训，和对程序的遵守是非常重要的，甚至当工厂停工时也是如此。

【练习】 你能识别出在这个事故中的预警信号吗？

第6章 程序

凡事总会有一个最好的方法
——拉尔夫·瓦尔多·爱默生
(Ralph Waldo Emerson)

6.1 安全和一致的操作

程序是用于指导人们如何进行操作并达到期望结果的书面文件。它能够帮助确保所有的工作都通过正确、安全和一致的方式完成。通过遵循具体的、一步步的、正确的操作步骤的程序，你可以避免犯一些可能导致灾难或损失的错误。好的程序应该包含设备的详细操作、危害和特别的防范措施。程序的详细程度取决于任务的复杂性以及错误导致的潜在后果。有些情况下，可能需要提供详细到每个步骤的指示，而有些时候一个宽泛的概述就足够了。在危害水平很高或者设备非常复杂的情况下，程序尤为重要。当几个不同的工人被要求合作完成一些共同的任务时，程序也是相当重要。

在工厂中，程序为生产活动提供了重要的支持。例如，启动压缩机或者试运行加热炉时必须严格执行程序。在维修、采购、建设、设备测试的过程中也必须有相应的程序。最后，它也会用于帮助管理工作流程（如制订计划、沟通和对过程的监测）。

离开书面程序，就无法保障组织者预期的方法会被每一个工人执行，也不能担保同一个工人每一次操作时都会一致地按照组织的意图执行某个特定任务。书面程序应当：

- 描述目标活动，以及过程或者设备；
- 描述足够详细的控制措施，以便员工能够了解过程危害是如何得到管理的；
- 当过程出现预期以外的反应时提供故障处理的指导；
- 具体列出何时需要紧急停机；

- 处理特殊的情况，例如临时操作特定的故障设备；
- 描述当没有遵守特定步骤时的后果，并且当过程偏离了操作限值时，要求避免或纠正此类偏离的那些步骤；
- 控制活动，例如定期清洗设备，为维修准备设备，及其他日常活动；
- 规定需要安全启动、操作和停机的步骤，包括紧急停机。

工业中程序的使用是一个系统。范围包含了需求的识别，程序的编写、验证，文件控制，培训，以及最终的遵守程序和实地跟踪。尽管在开发和维护程序的过程中困难重重，许多设施仍然有大量的程序。最大的问题在于一个组织如何保证遵守自己制定的程序。另一个很大的问题是组织如何沟通程序中的信息以及如何管理程序的遵守。

程序有一个很宽泛的范围（从工作规范到检查表），为员工提供了方向和指导。下面是一些程序类型的例子：

- 标准操作规程；
- 开车程序；
- 停车程序；
- 临时程序；
- 维修程序；
- 紧急程序；
- 安全操作规程；
- 沟通协议；
- 工作计划。

大量的预警信号来源于那些根本原因与程序问题有关的事故。

6.2 与程序有关的预警信号

下面列出的是一些基于程序的预警信号：

- 没有包含所需设备的程序；
- 没有包含操作安全限值的程序；
- 对如何使用程序，操作工表现出陌生；
- 大量的事件导致出现自动联锁停车；
- 没有系统衡量程序是否执行；
- 工厂的出入控制程序未一致地实施或强制执行；
- 不充分的交接班沟通；
- 低质量的交接班日志；
- 容忍不遵守公司程序的行为；
- 工作许可证的长期慢性问题；

• 程序不充分或质量差；
• 没有体系来决定哪些活动需要书面程序；
• 在程序编写和修改方面没有管理程序和设计指南。

6.2.1 没有包含所需设备的程序

程序是书面的指导，描述安全操作工艺设备需要遵循的步骤。良好书写的程序文件详细描述推荐的操作规范，以及工艺和设备的安全操作限值，描述了偏离这些限值的后果，列出使设备回到安全模式需要的行动，以及安全开停设备的必要步骤。如果关键的程序没有包含所需的设备，操作工人可能没有足够的安全操作设备的信息。

这是该预警信号的一些指征：

• 程序未对照现有的 P&ID 进行审查；
• 程序未作为工厂质量控制程序（QA/QC）的一部分被审核。

程序中没有包含所需设备，这个预警信号也会导致后面会讨论的另一个信号：清晰的证据显示工人没有使用程序。接下来的步骤是一个测试，用来判定是否存在这个预警信号，它也会帮助评估这个问题的严重程度。

获取某个单元一套现行的 P&IDs，和该单元的开车程序。

（1）在 P&IDs 上面一一划掉程序中涉及的设备。

（2）完成后，检查 P&ID 上面是否有程序中未提到的关键设备。是否有什么开机涉及的事项没有提及？

（3）调查每一个实例，确定产生差距的原因？

（4）用其他的程序重复这个练习。

（5）分析你的发现项，确定程序的精确程度。

这里有一些关于这个预警信号的问题：

• 你的工厂是否考虑将独立的检查表作为程序使用？
• 是否有系统来确定哪些工作任务需要程序？

6.2.2 没有包含操作安全限值的程序

安全操作的限值通常是一个关键的工艺参数，例如温度、压力、液位或者流量。安全操作限值详细说明了一个预设的安全操作界限。超出安全操作限值的后果可能是灾难性的，因此在超过安全限值下继续操作是不可接受的。工人们必须理解任何安全操作限值的偏离都会有潜在后果和风险。这些偏离造成的风险和后果必须在程序中有具体的解决办法。

程序还应对非计划中断的处理，如维修或者采取迅速措施停车或者使工艺回到安全的操作方式等问题解决提供清晰和简单的指导。每当操作工调查和采取改进措施时，书面程序允许他们理解各种行动及行动组合后的潜在后果。如果一个操作工能清晰地理解相关风险，并且他/她所处的文化氛围提倡健康的危机感，他/她会更有可能识别危险的情境并且采取正确的行动。当书面的程序包含工艺风险，并且这些风险在培训中被强调过，操作工的理解更有可能是书面的程序中包括的工艺风险。反复强调关键步骤的危害并且清楚的描述偏离安全操作限值的后果，能够帮助操作工理解风险。如果程序包含对工艺控制行动、联锁以及特定步骤的安全系统的描述，会对提升业绩有所帮助。

以下是一些该预警信号有关的指征：

- 程序中没有列出安全操作的限值；
- 程序中的安全操作限值与其他过程安全信息不匹配；
- 关键设备没有相应的紧急停车程序；
- 程序没有注明退出节点，从正常操作到紧急行动的分界线——那些超出正常工控的条件或者操作限值；
- 程序没有列出偏离的后果，以及当超出常规操作限值时需要纠偏或修正工艺异常需要采取的步骤；
- 程序没有包含一个以非惩罚性的方式来报告偏离的流程，无论多细微的偏离；也没有一个流程跟踪偏离和对汇报的偏离采取行动；
- 程序没有明确哪一个操作工有授权在紧急情况下关停一个工艺；
- 操作工在安全及时停车之前必须首先得到批准。

当这些预警信号出现时，这表明了程序要么没有建立在精准的过程安全信息基础之上，要么过程安全信息发生了改变并且这些改变没有被很好的管理。

- 工厂的人是否对照过程安全数据审核过程序文件内容以核实是否包含关键设备？
- 工厂的人是否核实每个程序中所有的参数目标和范围与过程安全信息一致？

6.2.3 操作工表现出对如何使用程序的陌生

不被人们遵守的程序几乎没有价值。凭借记忆、使用替代方式或走捷径，会导致完全不可预期的、不安全的操作。为了确保它们的使用，程序对于操作工而言必须随时可取，并且一直得到维护使得它们保持更新和准确，还应将任务有逻辑地分组并提供清晰、简洁的指导。此外，员工必须清楚地理解和认可遵守程序的重要性和价值，这不仅仅是为了他们自身的安全，也是为了他们的工作伙伴安全以及公司的使命。

使用程序来指导实地培训也能帮助确保操作工对程序熟悉，而且知道如何使用程序来正确完成一项任务。使用程序来辅助培训会帮助操作工熟悉程序的内容和格式，也会帮助培训师或其他的相关领域专家识别可能引起困惑或者没有条理的指令。

以下是一些关于程序使用和程序熟悉的警示信息：

- 书面程序中的步骤与实际操作不符；
- 员工不明白未遵守程序导致的后果；
- 操作工的培训程序没有要求必须使用和审查操作程序；
- 操作工没有参与程序的定期审查及更新；
- 在主管巡厂或做观察时未参考过程序文件。

这个预警信号会导致几个方向。程序文件是否错误？操作工是否被培训如何使用程序？操作工是否被培训过如何获得程序文件？他们是否被培训过如何使用程序？员工是否理解程序的价值和重要性？

- 你是否通过要求工人检索程序的现行版本并且观察他们完成的难易程度来测试？
- 你是否重新回顾工作任务清单，以确定为什么存在一个与绩效有关的情形？
- 你是否定期观察员工是否遵循一个特定的程序，并且要求他/她来解释这个文件？

6.2.4 大量的事件导致出现自动联锁停车

该预警信号可能会因为机械、电或者仪器的失效而出现，但通常是因为工人未遵守程序中关于操作限值和技术的指导。编制较好的程序会列出工艺限值，识别偏离限值可能造成的后果，以及提供当过程出现非预期的动作时解决问题的步骤。自动联锁停车的出现是为了防止超出限值的操作。如果有证据显示大量的事件激发了跳闸和停车，这可能就是个在程序方面存在弱点的信号。

以下是一些此类的预警信号：

- 程序没有列出过程的安全操作限值；
- 程序未识别偏离限值的后果；
- 程序不精确；
- 程序写的令人困惑，会引发事故；
- 操作工不易获取程序；
- 工厂的文化不鼓励使用程序；
- 未分析程序中关于联锁停车或事故发生时的工作任务，以确定是否需要修改或者纠正。

如果自动联锁停车发生的频率很高，这意味着维持这个操作限值范围是有问题的。这可能意味着程序需要更新了。也可能是表明工人并未使用这些程序。

问一些这样的问题来确定工人是否使用程序。

- 这些程序精确吗？
- 使用者是否很容易获得程序？
- 是否有不鼓励使用程序的文化？
- 是否有必要重新审阅与联锁停车时正在进行的任务相关的程序？你是否：
  - 如需要，重新修改和批准程序？
  - 培训工人使用程序？
  - 鼓励工人在执行任务时使用程序，并根据他们的反馈来改进程序？
  - 在采取行动后接下来的半年内跟踪跳闸的事故，以便监控情况和鼓励使用者获得程序？

6.2.5 没有系统衡量程序是否执行

一个很强的过程安全文化无法容忍走捷径或者其他任何偏离书面程序的操作。管理者应当负责建立一个遵守程序和标准的文化，并且在整个工厂的团队中培养这种文化。员工应当负责与程序的一致性，而不应基于那些无法控制的结果情形来操作，如产量、产出率或者其他任何与产品产出有关的指标。所有的员工都必须清楚地意识到程序的高安全价值和业务价值，并像管理者的执行程度一样执行。

以下是一些这类的预警信号。

- 程序没有定期地通过验证实际是否符合预期的操作而重新生效。
  - 验证生效通常包含由一个领域专家和一个有资格的操作工同时进行的实地验证。
  - 程序应当反应如何用正确的方式来完成一个任务，而不仅仅是通过常见的做法完成。
- 程序无法在任何时候都能提供给操作工。另外，操作工必须通过记忆来完成操作，因此也可能使用程序之外的方法。这些情况都可能会导致不可预计的，有时甚至不安全的操作。
- 程序没有被维护。程序应当是最新的，才能保证过程安全和有效的操作。在一个动态的操作环境里，静态程序的准确程度和有效性会在短时间内迅速衰减，从而可能导致发生不希望的偏离。
- 程序的错误和疏忽没有及时更正。良好书写并且详细程度适中的程序更有可能被使用。长期未更正疏忽或错误很可能会给人传递一个信号：只要差不多就可以了。

对于一些与安全、环保符合性、质量相关的关键任务的程序，有些工厂使用交互式程序的技术。交互式（interactive）这个词表示使用者被要求在操作时程序必须在手上，并且需要输入一些信息来记录执行情况。

哪些程序任务需要签署关闭？这个问题可以通过风险分析解决。并非所有的程序都需要签署关闭或者定时记录，因此不是所有的程序都需要系统地验收。通常，开车和停车程序是需要交互式的，其他任何通过基于风险的分析识别的关键操作也是。例如，启动一个关键的压缩机可能需要交互式的程序来签署关闭和提交用于存档，但是启动一个简单的过滤系统可能就不需要程序必须在手边或者必须签署关闭。

• 在你的工厂里当一个任务的风险达到一定程度时，是否使用交互式程序的格式？如果是，请考虑以下几点：
  * 预留一些空白用于记录分段开启和关闭的时间，并提供给团队成员签字的空间，用于追踪每个步骤；
  * 标记执行任务时任何的变化或者更正。如果某一个步骤不能按照书面的规定完成，操作之前请确保管理层批准现场对程序的改动；
  * 完成标记的程序应当提交至合适的人进行评估；
  * 必要时修改程序。

6.2.6 工厂的出入控制程序未一致地实施或强制执行

人员进出权限的安全实践是这个问题的典型解决方案。管理层应当建立清晰的规则控制进入操作区域和生产区域。任何试图进入生产区域的人员都应该首先通知负责的操作工，说明意图，并且得到操作工的许可。这能够确保进入者有足够的许可和保护用品，以及不会妨碍区域内其他活动或者遭遇这些活动产生的危害。这也能保证当紧急情况发生时他们的职责。访客和承包商在离开这个区域时应通知操作工。当发生紧急情况时，有益于对每个人负责，并且避免应急响应人员搜寻没有出现的人员。为了减少安全和安保的风险，操作工应当维持对该区域的巡检，并询问出现在那里的没有权限的人员。

进入控制室和其他操作工和承包商的工作区域的权限也应当有类似的监控。一些很小的不必要的人员会干扰操作工的自由移动，而且注意力分散水平会随着大声的对话、噪声、及无关的问题而增加。访客在敏感的电子设备附近使用无线，或者没有足够座位时靠在或坐在控制台上，都可能会造成操作异常。下面是一些此类的预警信号：

• 操作工没有意识到有人在他们的工作区域内；
• 没有程序要求操作工负责准入他们区域内的访客或者操作活动。

这个预警信号意味着管理层没有强调过程安全管理系统中一个非常基本的要求。没有控制和监控人员是否处于险境显示出安全或者其他方面非常低的操作纪律水平。该工厂需要有能力在发生事故时记录每一个人员的位置和所处的条件。

• 你是否审查管控区域进出要求的安全工作程序，以发现任何可能落下的政府或组织的要求？
• 如果是，修订程序并且重新培训相关人员。

• 程序培训和重新强调服从程序重要性之后，监控表现。

6.2.7 不充分的交接班沟通

每个人都依赖于沟通来交换信息，可靠的沟通对于可靠的操作而言至关重要。准确地说，在交接班的时候及时、完整的信息传递非常关键。建立在两个班之间正式的最低的沟通标准，会减少误解的可能性。这在非常规的活动例如开机、停机、设施异常时格外重要。很多事故都是交接班时沟通的失效造成的。

这是一些此类的预警信号：

• 没有有效换班的最低要求和指导；
• 没有培训员工关于他们职责中对于关键操作活动的沟通要求；
• 没有建立关键操作岗位的工作日志；
• 没有书面的指导或标准格式用于记录信息；
• 没有班组长定期审阅精确程度和完整性，以及强调重要性；
• 延迟的记录录入；
• 前一个班组没有与下一个班组进行口头交接。

在一些工厂里有个良好实践，是为做好交接班开发一个有书面最低要求的协议。这用于培训材料，并且不同的单元可以按照需求修改他们的文件。有些工厂错开班组长和操作工的交接时间，以允许下一班的班组长可以更积极地参与到上一班组操作人员的任务解除。

• 你是否有一个关于有效交接班会议的最低要求和指导的安全操作规范？
• 你是否培训每个人对于这些关键操作活动他们作为沟通者的职责？

6.2.8 低质量的交接班日志

让员工在一个结构化的日志本上保持操作的书面记录，是一个最常见的也是最可靠的方式，来确保即将接班的工人理解他们即将接手的设备状态及操作活动。除了保持交接班的沟通的重要性之外，班组日志对于建立一个绩效信息的数据库也是非常有帮助的。

下面是一些预警信号：

• 手写的日志不完整或者字迹难以辨认；
• 格式和内容前后不一致；
• 日志模糊不清有歧义；
• 当班主管未通过定期审查日志的精确程度和完整性来强调它们的重要性。

现代的电子版操作日志开始越来越普及，但是当日志（或者表格）要求手写录入时，书写的可辨识程度是个最基本的问题。有时录入信息的格式会变化。这就增加了理解的困难。此外，很多公司也会抱怨日志的内容不够详尽。

- 无论是电子版或者纸质的，你是否通过制定了关于交接班日志的最低要求的安全规范和指导文件，解决了这个预警信号？
- 在一个大型工厂里，是否每一个工艺过程或者区域都有足够详尽的交接班的说明？
- 假如你使用电子版的交接班日志，你是否分析过对于工人和管理者来说是否好用？
- 是不是所有的工人都被培训过关于在这个关键的操作信息分享活动中他们的角色？

6.2.9 容忍不遵守公司程序的行为

如果在工厂员工的认知中不遵循程序体系是可以接受的，这就是个信号，说明这个组织、团队、和工人的操作纪律需要改善。如果任何的走捷径、忽略程序、或者偏离程序的行为是被容忍的，或者没有被任何员工纠正，这就是一个信号，就是公司并不重视程序对于过程安全或者业务运行的价值。

一个高水平的操作纪律对于保证程序的执行是非常关键的。这是一个文化的问题。管理者必须坚持工人要遵守程序，他们可以鼓励工人使用程序或者谴责那些不正确遵守程序的人。管理者应当确保他们自己遵守程序，并且提供必要的资源来保证程序的实时更新。所有的员工都需要理解执行程序的原因和价值，而不只是因为惧怕或者处罚的原因去遵守。

这是一些预警信号：

- 事故报告反映出大量的事故原因都提及缺乏程序的遵守；
- 未提供对程序的再培训；
- 经理和主管们未鼓励使用批准的程序；
- 没有鼓励工人在使用时发现程序不够准确提出修改程序；
- 主管没有深入工厂监督程序的使用；
- 没有正式的系统来验证程序被遵守或者为什没有被遵守。

如果程序没有使用，那些开发现有程序系统的工作都是浪费。此外，无论程序当前的质量是什么程度，如果工人不使用或者维护，随着时间的推移，程序的质量会逐渐下降。提供优先权、强调和资源来帮助工人自发需求高质量的程序是组织的责任。

问下面几个问题来解决这个预警信号。

- 你是否应该考虑做一个针对工作任务的培训需求分析，以确定是否需要再培训？
- 你是否定期的再培训工人使用程序？
- 你是否定期评估程序的使用以及确定为什么有些程序没有被遵守？是否有跟踪？

- 你是否让经理和主管开始鼓励使用已批准的程序系统？
- 你是如何激励工人在发现程序有不精确的地方时修改程序？
- 主管是否在巡厂时监督程序的使用？

6.2.10 工作许可证的长期慢性问题

一个有效的工作许可证系统是安全工作环境的基本组成部分。工作许可证允许操作组织控制和协调在生产操作区域进行的计划的体力工作活动。工作许可证是双方或者更多合作方之间的一份契约，约定了关于工作范围、危害以及承诺遵守特定的协议和程序以控制风险。工作许可证是一个书面的文件。它规定了在何种条件下工作得以安全的进行。它有非常详尽的工作范围、涉及的设备、或者需要工作的部分工艺，对于谁来完成工作也有具体的规定。涉及不同的人执行多项任务的复杂工作可能需要不止一张许可证。

工作许可证有限定的有效时间，通常是在一个当班结束时过期。当发生事故或者违反工厂的规定时，许可证可以被终止。工作许可证系统允许操作者在非常清楚工作地点以及人员位置的情况下，做重大的决策。责任人应当亲自处理和交接工作许可证。许可证的签发人理解工作的范围，保证许可证考虑和反馈了实际设施工况的信息。这意味着必须去要工作的现场实地确认工作计划的安全性。许可证必须仔细填写，并且在工作进行时随时可以取阅。最后，在工作完成时，许可证必须签署关闭且还回到发起人。这表明工作已经准确、安全地完成了。

在实际工作中，工作许可证系统可能会被妥协，或者发展为走捷径。当有些安全专家发现这种情况时，他们称之为“扶手椅”的工作许可（armchair permit）。这种情形存在大型的工厂里，那里有相当多数量的机械工作。可能默认了工作许可证的优先级比实际工艺操作风险要低一级。许多工厂定期审核工作许可证系统的符合性，尤其是在大检修时期，以及其他高工作等级的活动期间。这期间的管理系统失效可能会导致灾难性的后果。

每天管理大量的许可证需要组织和纪律。当早上工作开始时大量的承包商员工同时抵达到控制室或许可证中心，在有些操作中倾向于提前起草许可证。这个实践会使得作业处于高风险状态。不经考虑即批准许可证不能满足实际的许可证流程要求。

以下是一些预警信号：

- 没有完整定义现场的工作；
- 没有正式地培训和考试许可证的签发人和接受人；
- 直接复制已有的类似工作的许可证；
- 在申请者没有实际申请签发者的批复之前，预先签署许可证；
- 签发者与实际参与工作的工人之间没有对话；
- 许可证没有按照有逻辑的方式或者顺序填写，方便操作人员参考；

- 在公共工作区域或者在一个单元的设备上，没有把多个交叉作业工作许可证联系起来；
- 没有指导工人指向现场的正确设备；
- 未对工人提供直接的监管；
- 未遵守许可证里的条款（例如，文件控制、危害、气体测试、自给式呼吸装置要求）；
- 一张许可证上有太多的任务；
- 工作结束时没有签署关闭；
- 不同的单元有不同的许可证要求；
- 在初始检查后数小时的工作，仍使用早晨的气体测试结果；
- 不遵守许可证——工作程序；
- 当现场出问题或者工作范围改变时，没有撤销或者重开工作许可证；
- 没有去现场查看以确保安全。

通过频繁的审核来记录违反工作许可证的情形，并且分配解决问题的行动项，是一个比较好的实践。很多组织使用不符合项汇报系统，并且有一个高纪律水平来保证问题不重复发生。

在很多国家的过程安全法规中，工作许可证系统也是一个安全工作实践的程序。安全工作实践作为一个组合，既是操作的程序，又是维护的程序，因为他们应用在工厂中所有适用的工作。如果工人报告质量问题，例如相似的工作许可证不一致，或者许可证的执行松懈，他们的报告是一个很大的预警信号，指明风险等级可能在无法预知的时间不受控制地增加。

- 你是如何评估工作许可证系统的需求，并且需要时修改文件并且重新培训？
- 你是否进行定期的审核来帮助确保严格的符合性？

6.2.11 程序不充分或者质量差

这是一个可能导致灾难性事故的重大预警信号。一个质量差的程序指的是不能精确地指导一个工人做什么，或者如何做，或者何时去做。这个弱点可能是存在于指导本身，或者程序与设备之间存在断裂。最后，程序可能缺乏一个合适的解释来确保重要的步骤被正确地执行。

程序的质量和形式随着行业的不同而变化。没有一个统一的标准能够满足所有的需求。一个好的程序通常会强调重要的步骤要按照一定的顺序执行。需要特别注意的地方，以及不按照某种特定的方式进行操作的后果，也应当被强调。程序的书写通常是建立在使用者已经接受必要的技能培训的基础上。实际的格式和风格应当考虑工作文化，语言问题，初级限定资格，以及操作的复杂性。提高程序精度以及确保其适合使用者的一个很好的方法，是让这个区域的员工参与到程序的建立以及定期的审查当中去。

操作和维护程序应当提供当前的、精确的、有用的书面指导，不仅针对常规的操作，也应包含非常规或者不常进行的操作任务。程序书写的足够详细，这样一个有资质的技术员能够始终一致地、成功地完成工作任务。就像书面的操作程序能够帮助确保操作工表现的一致性一样，书面的管理控制能够帮助保持以及持续改进操作程序。

有关的预警信号：

- 没有管理控制来明确操作程序的质量、内容以及格式；
- 通常，很多不同的人来书写程序。没有指导，能够预见结果一定是不一致的；
- 未能建立特定的标准，这可能造成程序很难使用，因为格式、结构及内容经常变动；
- 管理控制未清晰地定义哪些人有权限来建立、变更、审核以及批准程序；
- 操作程序未能解决所有的操作模式；
- 程序没有提供简洁明了的指示；
- 程序提供的指示不完整，或者顺序有误；
- 程序中对异常状况的反应是模糊或者冲突的。

对一个程序失控的工厂来说，程序的升级工程有时是必要的。紧密参与到这些类型密集升级工程中的工人，通常会在努力升级后很长一段时间都选择保持程序的现行有效。

- 你的工厂是否使用 AIChE/CCPS 书《有效操作和维护程序编写指南》(Guidelines for Writing Effective Operating and Maintenance Procedures) 来评估现在的实际操作？
- 你是否根据更新后的过程安全分析带领过一次程序升级项目？

6.2.12 没有体系来决定哪些活动需要书面程序

程序的存在是用来帮助改进工人的表现。用一张列表列出工人在做（或者计划要做）的工作任务，是识别哪些活动可能需要正式程序的一个很好开端。当决定你是否需要一个书面程序的时候，请考虑程序缺失会发生什么。任务是否无法完成，或者完成得不正确或前后不一致？如果任务无法完成或者很随意地完成的后果是能够接受的，那么可能就不需要书面的程序。

程序的数量要求及详细程度的需求，通常是与活动相关的风险及操作人员的水平有关系。

未提供必要的程序将会导致人员可靠性低于预期。当然，程序过多，或者程序包含的信息过于繁冗，也很难使用。非常规的操作模式会得到特别的关注，因为它们通常会包含很多高于常规操作的风险。在识别哪些过程的任务需要写程序时要平衡这些因素。

- 感觉高危的或者有严重危害的过程或者活动，即使你认为发生事故的风险很低，通常指出来需要一个书面的程序；
- 不断发展的或不确定的过程安全设施，可能需要非常详尽的程序来管理风险和帮助确保良好的操作纪律。

这个预警信号通常与工厂领导层的倾向相关，在识别程序名称和培训主题时，在识别程序标题和培训课题时采取这样一个态度——我们知道他们在外面做什么。

当接到一个岗位风险分析的完整任务清单时，经理们常常惊讶于一个高效的操作工要知晓和完成数百个任务。

- 你是否使用一个与岗位风险分析类似的方法，识别一个人在一个工作岗位完成的所有任务？
- 你是否询问使用者考虑安全操作的临界状态、操作频率以及难度或复杂性（包括脑力或体力）给任务排序？
- 你是否建立一个工厂的标准，用于识别仅需要培训和那些应当程序化的任务？
- 你是否调查所有的事故和未遂事件，来确定是否程序需要改变？

6.2.13 在程序编写和修改方面没有管理程序和设计指南

很多工厂没有管理程序来解决程序的法规方面的要求，或者没有一个设计指南来指导书写和修改来解决质量和一致性的问题。这样长期下去就会导致程序体系的质量恶化。

程序可以是精确且一步一步地指示操作员草签和录入数据，也可能只是进行常规操作时，例如开启或者关停一台泵，用于参考的程序。程序应该定义安全操作的限值，且包含偏离限值的后果。它们应该清楚地详尽描述执行一个任务所需的步骤。它们不该模糊不清，而且应当清晰、简洁，并且是容易使用的格式。

同一个工厂里，使用的不同格式和设计风格的程序样式数量是需要权衡的。多种格式可以给程序的撰写者提供可选择合适模板的灵活性，但是太多不同的格式和设计风格也可能会对程序的使用者造成困惑。除了具体列出格式和设计风格之外，工厂还应考虑以下：

- 具体列出必须包含在程序中的最低内容要求；
- 确保所有与程序内容相关的法规要求都有明确的处理。

非常规情况的操作程序，例如故障或者紧急状况，是非常重要的，因为操作工缺乏处理这些状况的经验。未建立具体的标准会导致程序不易使用，因为格式、结构和内容的高度变化，而且还可能无法给一个操作工用于应付过程故障或其他不安全状况的正确的书面指示。

这里是一些预警信号：

• 没有给撰写者和修订者提供撰写和修订程序的格式或设计风格的指导；
• 对工厂的格式和设计风格标准不熟悉的个人或者一个团队在撰写程序；
• 没有审查程序的流程，以确保格式和设计风格的一致性。

因为操作程序通常是在单元的层面开发的，而且人员通常在单元间调动，这种情形下开发一个工厂范围的操作程序标准会帮助操作工、工程师或其他任何在单元间换岗的工人减少学习挫折。如果格式、设计风格和内容在所有的单元之间是一致的，一个新任命的操作工很有可能会快速有效地在操作程序查找信息。

• 你的工厂是否有一个管理的、纲领性的程序，能够涵盖所有过程安全有关的程序和如何在工厂里管理和执行它们？
  * 操作程序；
  * 安全操作规范；
  * 维护程序；
  * 应急响应程序。
• 你是否为程序的撰写和审阅者开发了一个设计指南，用于撰写和修订程序？

6.3 案例分析　乌克兰境内核电站熔化和爆炸

1986 年 4 月，乌克兰的切尔诺贝利核电站的一个堆芯融化，一个核反应堆氢气爆炸。事故在短短的几天内造成 30 人死亡，含有放射性物质的烟云飘散至大半个北欧。在接下来的几年里，有关机构记录的死亡人数累计超过了 10000 人（多数死于癌症）。核电站最终被关闭和废弃。30 万人被迫搬迁至安全区域。切尔诺贝利事故是迄今为止最严重的核事故。

电站由四个独立的产能为 3000MW 的单元组成。每个反应器包含了上千个装载在管子中的浓缩铀颗粒，周围包裹着石墨慢化剂。正常的操作时，铀裂变产生热量。这会产生高压的蒸汽。每个反应堆的蒸汽供两个涡轮发电机。不像其他的核技术，这里在反应堆和蒸汽系统的周围没有二次容器。这就使得操作对于程序的依赖度非常高。正式的操作程序的确对供电系统的可靠性要求很高，尤其是在开机和停机的阶段。

这个事故发生在其中一个反应器准备按计划关机进行检修的时候。尽管事实是电力损失情形下设计非常不稳定，仍决定进行测试该单元在分离情形下是否能安全的关闭。这包括用涡轮产生的动力开启反应器（泵和仪表）。异常发生时，操作工试图切换到应急停机模式。当操作失败时，预料之外的更极端的作用力发生迅速能量输出，导致了其中一个反应器破裂和一系列的氢爆炸。这使得数吨的核燃料和裂变产物的释放。超过 10 万人口从周围撤离。

切尔诺贝利核电站在最初运行的两年里，发生电力完全中断时无法撑过

60s，然而这是一个非常重要的安全特性。这也解释了为什么会测试该单元在分离情形下是否能安全关闭，但考虑到死亡和毁灭性，已无法对此进行验证。尽管这个事故有几个致因，例如设计、变更管理、领导力的缺乏，然而事故主要是因为公然的违反操作程序。操作程序非常少，而对于为数不多的已有的操作程序，通常也不被遵守。如果遵守已有的程序，或许就不会发生偏离。这也无法证实。在发生异常的早期，应该有相应的程序规定如何将单元置回正常的控制范围。另外，在灾难迫近时，也应当执行应急程序。

操作程序仅在尝试或者测试过才会有效。如果它不是常规使用的，工人在突然被要求按照程序操作时会很难在短时间反应和执行。操作程序的纪律是保证成功的重要因素。每一个设施都需要一个建立在工人背景和经验上的系统。

当工人不遵守操作程序时，可能有其他的原因。当程序描述的不清楚，或者不符合操作实际情况，会引起困惑。工人倾向于依赖过去成功的经验或者随着时间的推移形成的做法。总之，程序需要不断的培训和保持更新。

在任何的操作中，都有可能发生程序规定之外的情形。当这样的情形发生时，应该有一个清晰的变化指征。工人们是否准备好在这样的非正常工况下做出反应并采取负责任的行动？是否针对这样的紧急情况提供过培训？工人需要彼此相互负责遵守标准的操作程序。

【练习】 你能识别这个事故发生前的预警信号吗？

第7章 资产完整性

目的建立机制。

——亚瑟·杨(Arthur Young)

7.1 系统化的实施

资产完整性和设备可靠性，是从设计到运行和维护的所有活动的系统实施。这些活动将确保工艺设备整个使用寿命周期的安全可靠性。资产完整性的主要目的是可靠的设备性能：设计用于安全的控制，预防或降低有害物料或能量释放后的后果。这意味着设备不仅要以实现预定功能为目的，还必须有措施阻止或防止围堵失效。相关的预警信号都具有没有达到工艺所需设计水平的完整性级别的共性。

工艺和有关配套设施的完整性，将决定围堵失效严重性的概率。工艺设备必须设计成在整个操作周期内可以承受正常和异常的条件，还可以经受偶尔的中断维护，设计也应该考虑到由于老化导致的渐进磨损或严苛操作条件下持续接触工艺物料。物理硬件的设计应该识别关键失效模式。所有工艺设备的完整性应通过定期测试、检查、分析和及时的维护来管理。

有效的资产完整性管理系统的关键组成应具备下列特性：

- 根据行业标准和公认实践来设计、制造和安装所有的设施和设备；
- 在设计范围和安全操作范围内操作设施和设备；
- 根据行业规范和公认实践，以及制造商的合理建议进行定期检查和维护设备；
- 分析设备故障来确定故障的原因；
- 使用经过培训并且合格的员工从事各种工作，员工使用已核准的程序按时完成各项工作；
- 使用高质量的零件和材料，包括材料可靠性鉴别系统；

• 及时更新维修记录，维护设备文档；
• 在设施生命周期结束时对其进行安全拆除和处置。

预防性维修（本章中预防性维修包括检查、测试、校验、润滑、诊断等与维护资产完整性有关的广泛活动）是目前整个行业的规范。它受维修活动的时间选择和范围的影响。以前的生命周期历史数据可以用来确定检查频率和决定为各类设备做哪些工作。如果工厂试图延长设备操作运行周期，则必须在计划检验时做更多必要的工作。计划外停机故障造成的意外代价可能会非常昂贵，并且可能会造成安全和环境的影响。

必要时，可以依据一个由发生可能性和将来失效后果决定的风险来分配设施维护。基于风险的维护不仅仅是一个术语，而是基于防御技术和标准。基于风险的维护往往是基于预测的维护程序的一部分。预测性维护的策略是通过测量设备状况来评估它在未来一段时期是否会失效，然后采取适当的行动，以避免失效后果。

关于基于风险的维护方法所必需的预测设备失效时，要谨慎。

设备故障统计对某些类别的设备（包括机械零部件）是有效的。这些统计数据通常是从自愿提交给行业技术机构的原始故障数据基础上加工编制而来的。这些数据反映不出故障原因或设备故障时设备的工作状态。尽管这样，公布的失效数据给在正常条件下使用的设备寿命和（或）故障频率一个相对指标。曾经有段时间认为这些数据过于悲观和保守，有给工业故障数据打折扣的倾向。不应该把“我们好于行业标准”建议允许用在影响重大操作的决定。当设备接近或超过了它的使用寿命，可能需要额外的防护。这些防护可能包括额外的监测和（或）应急计划。在缺乏这些措施时，失效数据可以作为事故的一个重要预警信号。

7.2 涉及资产完整性的预警信号

下面的列表列出了和设备完整性相关的预警信号。虽然一些预警信号似乎看起来有些类似，但仍存在细微的差别。这些差别很重要，需要对这些预警信号进行单独讨论。在下面的列表中，对这些预警信号进行了分组，类似的放在了一起。

• 已知防护措施受损，操作继续；
• 设备检验过期；
• 安全阀检验过期；
• 没有正式的维护程序；
• 存在运行到失效的理念；
• 推迟维护计划直到下一个预算周期；
• 减少预防性维修活动来节省开支；

- 已损坏或有缺陷的设备未被标记并且仍在使用中；
- 多次且重复出现的机械故障；
- 设备腐蚀和磨损明显；
- 泄漏频发；
- 已安装的设备和硬件不符合工程实际需要；
- 允许设备和硬件的不当使用；
- 用消防水冷却工艺设备；
- 警报和仪表管理存在的问题没有被彻底解决；
- 旁路警报和安全系统；
- 工艺在安全仪表系统停用的情况下运行，并且未进行风险评估和变更管理；
- 关键的安全系统不能正常工作或没有经过测试；
- 滋扰报警和联锁停车；
- 在确立设备危险程度方面缺乏实践；
- 在运行的设备上进行作业；
- 临时的或不合标准的维修普遍存在；
- 预防性维护不连贯；
- 设备维护记录不是最新的；
- 维护计划系统长期存在问题；
- 在设备缺陷管理方面没有正式的程序；
- 维护工作没有彻底关闭。

7.2.1 已知防护措施受损，操作继续

防护措施是那些在设备发生功能和机械失效时提供额外屏障的设备。为了提供足够的保护，其有效性必须至少比它所保护的系统更好。原因很简单：失效的确切时间是不确定的。当防护措施受损，故障就没有安全防护。在防护措施受损的情况下继续操作是鲁莽和不负责任的。在许多国家和地区这样也意味着要承担法律责任，特别是这一失效导致死亡或严重伤害。

始终保持设备的防护措施处在一个安全和可操作的状态。在任何时候都需要它们。

- 你们装置的防护措施会定期维护检查吗？
- 是否有合适系统解决防护措施存在的缺陷或受损？
- 有没有规定要求在防护措施受损时要通知管理层？
- 当防护措施发生缺陷或受损害时，装置的操作人员是否已被授权可以停止操作？
- 是否有一个程序来确保防护措施符合法规要求？

7.2.2 设备检验过期

保持设备可靠，需要工厂根据适用规范和实践有计划的检验所有物理设备。对于压力设备来说这点特别重要，它通常受当地法规管辖。范畴包括压力容器，压力管道，压力泄放阀。当你检测到设备材料缺陷或异常磨损时，应对它加以修理或更换。所有组织结构都负有这个责任。

检验本身不能防止事故。它们为基于风险的生产决策提供基准数据。它们也可发起必要的后续跟踪反馈（修理或更换）确保故障不会马上发生。你可以根据操作对产品质量、运行时间或后果的严重程度影响，来决定防范介入措施，从而避免事故发生。定期检查所有类别的设备是非常重要的。

压力容器、泄放阀和其他安全设备或关键设备的检验过期是在工业生产过程中的一个重大问题。没有一个工厂的设施或完整性程序是完美的。一个设备可能由于情有可原的情形过期几天或几周。如果这成为惯例而不仅仅是例外，那么就存在这个预警信号。同样的，一个容器检验逾期几个月或设备检验逾期几周重复发生也表明预警信号的存在。这一预警信号的另一方面，检查或测试因为不断被推迟的停车检修而改期，尤其是没有技术依据表明设备仍然是可以安全操作的。

要带着忧患和警示意识看待上述情况。如果这些主要设备种类有不合格项，那么必须质疑工艺管道的完整性。毕竟，大量的围堵失效事故是由于管道系统的故障引起的。管道系统贯穿于大多数设备，并难以检查。

一些工厂可能把检验积压作为工作计划的副产品。但是，检验过期就代表存在未知的风险。

- 超出正常运行周期的设备操作是否有基于风险的正当理由？
- 是使用团队力量还是个人单方面决定继续工厂运行？
- 工厂是否有过不停车执行计划检验？
- 工厂看上去是否有大量的检验过期？

7.2.3 安全阀校验过期

存在安全阀或其他泄压设施超过了规定的测试日期，这是一个特别令人担忧的情况。安全阀通常是对灾难性超压的主要保护装置。因为这种阀门是主动防护措施，测试验证其可靠性很关键。尤其是那些正在使用的或周围环境可能影响其性能的设施。有些在关键工艺系统上已经安装了双安全阀，能够在不中断运行的前提下进行校验。

确定你所在地区安全阀校验的规范和要求，建立一个方法以确保按时完成这些计划。考虑下列问题：

- 如果发现安全阀校验过期，你是否考虑需要额外的保护或防护措施，或其他预防措施直到泄放设施可以被测试和认证的最早可能时间？

- 你会采用非计划停车尽可能早的解决设施校验过期吗？
- 你会进行风险分析允许继续操作直到检验完成吗？

7.2.4 没有正式的维护程序

如果你的工厂落入被动的维护模式，是灾难性事故的风险增加的预警信号。被动的维护计划可以概括为事后修复，或在需要的时候再制订计划。修复性维修（CM）是对机械和控制出现问题后作出反应的常见说法。没有一个制定好的程序，犯错的概率就很大。预防性维护（PM）包括预定测试、检查、更换零件、润滑和其他基于时间安排的任务，设备的使用时间，工艺处理量。以可靠性为中心的维护（RCM）更进一步，使用了大量的工业数据和工厂本身的数据-预测性维护（PDM）-进一步降低故障发生的可能性，同时避免不必要的维护。预测性维护，增加设备的特定状态监测来确定最佳保养时机。

对于小型设施，维护和工程人员有限，实施可靠性维护、预测性维护、以可靠性为中心的维护、基于风险的维护或其他类型的维护方法，是一个挑战。一开始，工厂可以识别表现最差的设备，与设备制造商或供应商讨论存在的问题，或与其他安装有类似设备的工厂联系。有时，可靠性的改进简单但不容易发现。你会发现大部分的问题已经遇到过并已解决。与其他公司和供应商讨论问题是有帮助的。考虑下列问题。

- 你的维护理念是否基于行业知识和经验？
- 你的维护计划系统是否经得起第三方审核？
- 你的维护计划系统是否文档记录完整，而非依靠几个有经验的个人？
- 你的维护计划系统是否包括配备公司内部有经验的技术人员和外部承包商？

7.2.5 存在运行到失效的理念

运行工艺或安全设备直到它故障是一个明确的预警信号，表明安全性和可靠性不是该工厂的优先等级。故意允许设备运行到损坏，可导致不安全的操作条件，进而导致灾难性的事故。存在运行直到失效的理念可能出于一些原因，如预期的工厂关闭，延迟交货，或生产需求量大幅度减少或增加。这些原因从商业的角度看可能是有效的，但从安全角度是有问题的。

对于采用基于风险的方法达到资产可靠性的公司而言，可能有一些设备运行到失效是有意义的。然而，只有当你分析了故障的后果，知道不论从安全还是从生产需要来说都是可接受的，才是唯一可以接受的。考虑下列问题：

- 如果要把设备运行到失效，工人是否了解失效的潜在后果？

- 支持这一理念的风险分析文件，是否可以给操作和维护人员使用？

7.2.6 推迟维护计划直到下一个预算周期

当预算紧张时维护经常被推迟。这种情况通常发生在年底，或在某些情况下，当一个新的维护经理上任，并想通过节约成本产生直接的积极影响时。不幸的是，设备失效的风险不会看日历或试图在预算方面让工作更出色。为获取资金或维护便利性导致维护延迟是短视的，表明领导者可能不完全了解风险。这经常发生在你的工厂内吗？如果是这样的话，那么我们需要看涉及哪些维护任务。我们还需要想一想短期故障的风险是否得到了充分的考虑。考虑下列问题。

- 当这种情况发生的时候，能通过建立一个管理团队，发起全面情况检查并用风险分级工具，来解决这个问题吗？
- 系统是否规定所有推迟维护的决定必须经过彻底评估？
- 一直使用变更管理（MOC）来评估推迟的后果吗？

7.2.7 减少预防性维修活动来节省开支

简单的预防性维修任务被搁置或执行的比推荐频率少，以此增加利润（或降低成本）是一个现在不做以后还是要做的情形。每个工厂其经济表现都有不确定时期。然而，减少关键维护任务，以用来最大限度地提高生产力，则会大大降低从事这些工作的设备的可靠性。当设备需要为安全考虑时，这已成为一个值得重视的问题，因为设备可能无法在需要的时候发挥作用。考虑下列问题。

- 是否建立了一个程序，确保维护管理团队能够防止在设备可靠性因素方面减少相关费用支出？
- 系统是否要求，所有推迟维护的决定都要作风险分析？

7.2.8 已损坏或有缺陷的设备未被标记并且仍在使用中

损坏或有缺陷的设备可能会导致进一步的故障或其他地方故障。操作任何有缺陷未经登记的设备，都非常脆弱并易导致损失。不管设备是机械还是功能缺陷，第一次故障的信号本身就是一个相关的故障马上会出现的预警信号。一条管线上的小孔泄漏经常会附带出现其他问题。可能有其他临近故障迫在眉睫。在很多司法案例中，设备缺陷被大量审查引用。他们经常是有形的、难以隐藏的，可能与不安全的或不恰当的操作设备的不合规问题有关。

有些情形要求损坏的设备在短时间内运行，但这需要有风险评估支持，额外的预防和安全措施和一个尽可能早的维修和替换计划。然而有这类情形，仍表明预警信号存在。类似的，允许设备长期运行也是这类预警信号的证据。当损坏的或有缺陷的设备在没有风险评估支持，没有预防措施，没明确的维修计划的基础下运行，这种预警信号的紧急程度就会显著增加。

除了设备物理方面的故障，应该质疑组织内容忍缺陷设备运行的过程安全文化。这本质上是对明显的风险视而不见，并存在着异常事件正常化处理的强烈迹象。这里有一些问题要考虑。

- 当在正常操作过程中遇到设备故障，是否会记录在交接班日志上并和维护人员沟通？
- 日常巡检会记录有缺陷的设备吗？
- 设备缺陷会立刻通过工作单系统交付给维护人员吗？

7.2.9 多次且重复出现的机械故障

多次和重复的机械故障没有造成明显的后果，只不过说明运气好。最终，一个重大的故障可能会发生并造成严重后果。机械故障，尽管再小，本身就是一个事件。不要忽视它们。未能识别和解决这些故障不仅仅表明自满，它可能是某种形式的疏忽大意。

某一单元或类别的设备的重复性故障，意味着可能选用错误的设备或与其生命周期是不相称的。这些原因都与工程相关，应进行彻底的分析。当一个经常出现的故障模式变得显而易见，它需要一个对失效机理深入的技术分析。不进行根本原因分析和实施有效的纠正措施可能直接导致事故。重复的预期故障不仅把人员置于受到伤害的境地，还可能影响设备性能和人员态度。工厂运行出现多个重复的机械故障，会导致对异常事件正常化处理和敏感性的丢失，这会导致接受不合格的维护、工程设计和措施。这种文化，就像对事故敞开门，可能造成严重后果的发生。

- 重复失效是否表明不良的或不恰当的设计应用？
- 多个常见故障是否表明设备安装和操作参数可能不兼容？

7.2.10 设备腐蚀和磨损明显

当有明显或潜在的泄漏、生锈的部件、未上漆的结构并显示磨损和类似的情形大量存在，表示预警信号是存在的。你是否曾经走进一个工艺设施并立即感到不安全？如果是这样的话，你可能感觉到预警信号的存在。当一个人第一次遇到这种情况，他（或她）本能地意识到需要更高层次的警觉。然而，如果异常事件正常话处理的因素起作用，在那里每天工作的人会对此无法察觉。

- 你是以严格的方式执行维护管理系统吗？
- 组织能确保大修期可以解决造成这种预警信号存在的问题吗？

7.2.11 泄漏频发

一个非常明显的预警信号是存在高频率的与泄漏和溢出相关的事件。这表明，现场一直不能达到处理危险物料的主要目的：保持物料在管道内。围堵已失效。当这种情形发生多次，它预示着对这些类型的事件习以为常的氛围。接受频繁的泄漏和外溢，即使只是蒸汽或冷凝物，也表明，过程安全操作被放在了一个非常低的优先级。这也预示着潜在的设计问题和不适当的建设材料。这些都是最有可能发生严重事故的前提。在频繁的泄漏和溢出下，继续操作的后果是直到发生一个严重的事故时才会被发现。

注重安全的公司会对泄漏和溢出进行调查，并实施纠正措施以防止再次发生。如果没有后续的跟踪行动或最基本的纠正泄漏和溢出措施，这样是不可能做到资产完整性的改进。然而，可以通过泄漏和溢出的频率减少看出纠正措施的积极影响。

- 工程和维护部门是否建立了解决工艺单元泄漏的策略？
- 是否广泛使用泄漏修理工具或临时堵漏措施？

7.2.12 已安装的设备和硬件不符合工程实际需要

工程设计时，不论是有意或错误地选择不符合设计的或不恰当材料和配件安装，预警信号就存在。许多的事故和设备安装时没有注意其材料是否与现有的管道或系统相匹配有关系。在设计规范或材料处理和控制方面发生这样简单的错误可能是灾难性的。可能需要几年时间，金属材质不匹配的问题才能自己暴露出来。

在某些情况下，即使有不合格的设备存在，它可能不是很明显。预警信号可能存在的一些指标如下。

- 设备工程师和技术人员对当前的规范和标准（或实际上在工艺设计时的现行规范和标准）不熟悉。
- 设备人员不能及时提供工艺设备的设计、规范和设计说明。
- 不是使用一致类型或专一制造商的配件，而是多种制造商零部件（例如，每台泵都似乎是不同的，或提供相同服务、起相同作用的不同阀门）。
- 选型和设计标准中过分强调成本。
- 始终使用低端制造商配件。

上述指标不必然意味着预警信号存在，但如果发现，就有必要进一步调查。

装置中有不合格的设备往往是成本削减举措的问题。经济压力可以让好人做出糟糕的选择，然后辩护称这是出于短期利益考虑。如果项目工程师过分地被成本和进度驱动，或如果他们经常提到一些话，如什么是最低的规范或法规的要求或抱怨公司的工程标准过高，这一预警信号可能存在。如果你的工厂有证据显示这个预警信号存在，考虑以下内容。

- 组织是否有一个全面的设计审查和设计阶段工艺危害分析评估的程序？
- 这些审查是否包括查证采用适当的规范和标准吗？
- 工厂的管道和容器的检验项目，包括制造材料确认和用无损检测来确认材料的规格吗？

7.2.13 允许设备和硬件的不当使用

如果装置任何设备作非预期目的使用，这将比它在预期的方式下使用增加风险。这会导致失效，甚至长期的安全问题。例如，在电气分类工艺区域，应密切监测电气部件的安装。如果本不应出现在分类区域的电气设备出现在该区域，表明存在该预警信号。从以前的岗位已经退役的工艺设备，有时被重新安装在一个新的地方应用。当发生这种情况时，就需要深入分析确保老设备适用于新的服务。

- 有没有管理程序来审查涉及在原始设计意图以外重复使用设备的所有项目？
- 在工厂你会禁止这类允许设备和硬件不当使用行为吗？

7.2.14 用消防水冷却工艺设备

设施消防水是一个关键的安全系统，一旦投用，可以防止火灾蔓延穿过工艺或设备。消防水是典型的待命式系统。这意味着，它被要求应对紧急情况必须立即可以启用。要实现这样一种高可靠性，消防水系统必须单独为它的目的而设。也就是，不能把它用在除消防外的任何目的。

在某些情况下，设施使用消防水给容器和换热器外表面提供冷却补充。这在天气转热而冷却系统无法满足负荷要求时是比较常见的。消防水转用到非紧急用途下会把工厂至于风险之中。消防系统同时满足应急消防负荷和工艺冷却需求，这是不可能的。化工行业不应该对该问题掉以轻心。此外，消防水用于外部冷却会导致外在腐蚀，缩短设备的安全使用寿命。

化工设备错误使用消防水是一个信号，表明授权人员不清楚现场情况或不理解火灾风险。这类风险的知识应该促使责任人控制风险。

消防水误用也是一个操作纪律差的信号。考虑下列问题。

- 有变更管理程序用于启动消防水用于现场冷却吗？如果有，考虑有什么备用措施来应对紧急情况？
- 设备设计时是否考虑在极端天气下满负荷运行？如果没有，工程部门有没有被通知和要求解决这一问题？

• 应急系统是否会被日常检查来保证当它们一旦需要就可以启动吗？

7.2.15 警报和仪表管理存在的问题没有被彻底解决

仪表和报警是工艺重要部位和操作工之间至关重要的联系形式。如果没有正常工作的警报和仪表，很难知道工艺和安全设备的运行状态。仪表可以直接与自动控制功能相联，或者向操作工显示需要采取一些行动。一些仪表对于过程安全至关重要，有些不是关键的。如果仪表故障或者无法传送准确的信号，就可能会导致工艺混乱。最终，这可能导致泄漏事件。一个报警传送具体的信息，操作员需要采取行动。一些报警是控制功能和停车信号的一部分。

相比其他类别的设备，仪表和报警需要特别的关心和注意。必须仔细地安装和定期检查、测试和校准。除非按计划地做这些工作，否则仪器或报警就可能无法可靠运行。仪表报警维护和完整性最好作为一个单独的程序来处理，必须由训练有素的技术人员完成。任何推迟这个活动直到出现问题是不明智的，从事故方面来说，代价是昂贵的。在一个未能正确管理仪表和报警失效的装置问题往往是长期的，通常可以通过检查仪器维护记录发现。相对于其他预警信号，对仪表和报警的忽视表明操作带有高风险。

另外，仪表和报警应以能保证其准确性和可靠性的操作方式安设。

如果在设备不存在一个特定的仪表和报警维护程序，如果这样的设备维护和校准是偶发的或在需要时才发生，或如果不存在保证现场安装是适当的程序，那么这个预警信号在你们的设备就存在。

7.2.16 旁路警报和安全系统

当员工可以未经授权禁用报警和安全系统，表明这个预警信号存在。即使有授权系统，应该只在必要的时候和只在短时间内（例如，需要进行测试或实施修理期间）禁用这样的系统。如果授权禁用经常发生或如果报警系统长时间关闭，表明这个预警信号存在。这些活动表明有人决定忽视一个被确定为安全关键的设置点。这可能是出于一个人的决定和行为。该行为本身促使我们回到组织文化上寻找根本原因。工厂应该有系统来记录和授权绕过这些系统。这里有一些问题要考虑。

• 有没有明确的规定来禁止旁路报警和安全系统？
• 需要正式授权来旁路和解除报警和安全系统吗？
• 现场是否有一个程序，来记录每种具有正当理由可以接受风险水平的情况，以及停车期间提供的保护层的改变？

7.2.17 工艺在安全仪表系统停用的情况下运行，并且未进行风险评估和变更管理

安全仪表系统（SIS）是对许多操作流程一个新的补充，提供的是一整个保护层。SIS是那些失效会导致高风险的工艺的独立仪表控制保护层。

SIS独立于基本的工艺控制系统，并且设计成满足更高的性能要求。从输入设备、处理器直到输出设备整个SIS功能系统的测试和校准是确保其性能的必要条件。因为SIS专用于安全和设备保护，这些系统不用于正常的操作工艺控制。这些系统通常对所有人是限制的，除非是受过特殊培训，可以对系统进行监控和维护的员工。SIS的故障表明工艺的关键保护层是不起作用的。在SIS不起作用状态下，工艺通常不能运行。如果SIS在维修模式或不起作用的状态下，并且没有管理变更和风险分析来批准连续操作，此时操作继续，预警信号就存在了。

- 如果SIS被发现不起作用，你的操作如何响应—自动停车或继续操作？必要时会有MOC（变更管理）跟踪和做风险分析吗？
- 在设备，SIS如何被管理层和工人理解？他们是否给SIS优先关注？
- 工艺控制和安全系统相独立的原因被理解了吗？

7.2.18 关键的安全系统不能正常工作或没有经过测试

根据最近的灾难性事故的历史，如果关键的安全系统无法满足测试要求，设备要么需要中止过程，要么改变生产水平满足工程安全措施。当你不能证明自动安全系统是可操作的，就没有其他的负责任的选择。当关键安全系统不能正常工作或不能按计划测试，工艺照常运行且没有风险评估支持，预警信号是存在的。需要考虑以下问题：

- 是否认为关键的安全系统测试是高优先等级？操作人员是否准备接受生产损失以符合规定？
- 一个简单的定制的逻辑树能否帮助员工确定他们接下来的步骤？这些步骤可能是特殊的维护任务或工艺停车。

7.2.19 滋扰报警和联锁停车

滋扰报警（有时称为虚假警报）是一个重要的早期预警信号。这种情况可能表明存在关键安全设备维修的问题，或者表明仪表设置水平已经偏离了最初的设定点。最后，还有可能是最初的报警设定点是错误的。

- 虚假报警可以让控制室操作人员养成坏习惯，因为他们习惯了虚假警报，就会不轻易接受报警，因此会错过重要的报警指示。它还导致一种习惯，旁路报警，以防止一直出现的虚假报警滋扰的报警声。

- 由于和许多过程安全事故有关，有些地方已经发布了对报警和联锁停车的指导性文件。下面是一些指导原则：
  - 虚假报警和报警泛滥是一个早期预警信号，表明仪器和控制系统可能需要维修或存在内在的设计问题。
  - 虚假报警和报警泛滥造成这样一种情况，即中控室操作人员对报警习以为常或忽略报警。
  - 所有报警需要由技术资深的人来调查。
  - 操作工人需要证明，他们在管理工厂报警和旁路报警方面有严格的程序。
  - 所有旁路报警是需要经过变更管理过程，由技术部门审查和授权。

控制报警和联锁停车是表示现场过程安全管理系统如何管理这类过程安全风险一个关键指标。

- 你们公司处理滋扰报警的方法是什么？

7.2.20 在确立设备危险程度方面缺少实践

努力遵守适用法规或尝试使用基于过程安全管理风险的公司，通常会建立设备或工艺的危险程度分级，来帮助他们首先专注于更重要的区域。对于任何采用基于风险的方法的过程安全程序，危险程度分级是关键的。然而，如果设备或区域分级没有合理判断和参考过程危害分析，它可以导致一个看不见的或未被认可的风险水平。

- 你们的工厂的危险程度分级系统考虑人员、环境、生产中断、设备损坏和公司的声誉风险了吗？你评估过分级的结果吗？
- 当危险程度分级存在问题时，是否有一个机制来挑战它，从而确保高风险得到解决？

7.2.21 在运行的设备上进行作业

如果有证据表明设备经常忽略上锁/挂牌要求、安全工作许可要求或动火作业要求，这表示该预警信号存在。有些公司滥用这种或那种的例外形式或变化流程，允许那些完全违反正常操作逻辑、安全标准以及可能的工艺设计存在。许多事故报告表明，在运行设备上带压开孔或其他动火工作导致了大量的资产损失和死亡。

事件和未遂事件记录显示，在运行设备上工作或者对安全许可证要求方面走捷径，这类事情反复发生，表明预警信号存在。考虑下列问题。

- 你如何确保员工严格遵守安全工作准则？
- 对每个偏离安全工作许可证请求，是否从规划、设计、实施和所有相关的危害和风险方面进行了充分考虑？

- 有没有完全隔离、双重隔断、排净和其他的一系列要求的标准吗？这些要求有没有被遵守？

7.2.22 临时的或不合标准的维修普遍存在

当快速修复成为一个设备的惯例，预警信号是存在的。一个例子是，在管道腐蚀泄漏处焊接或螺栓紧固。另一个例子是为了解决临时问题的软管跨接，它在超过预期使用的时间后依然存在且起作用。再次，如果是这样的话，它是放任风险水平升到从未达到的高度。考虑下列问题。

- 每当发现存在一个临时修复变更时，可以更坚定地执行变更管理系统吗？
- 如果这些不合标准或临时修复绕过变更管理系统，设备是否有不同的、更大范围的问题？
- 临时维修是否有良好的文档记录，并努力计划尽早对它实行永久性的修理吗？

大多数设备定期安排停车计划以进行正式的有计划的维修活动。这些活动包括设备的检查、修复、修理或更换。有时候，突发的故障可能发生在停车窗口外。虽然这可能迫使紧急停车，但并非总是如此。有时在事件发生和计划停车（也叫停产）窗口之间临时修理会作为一个过渡。

临时修理可能给操作带来风险。临时这个词意味着只是短期内，还含有走捷径或质量方面让步的意思。临时修理在实施之前应仔细加以分析。他们可能需要特别的预防措施和频繁的监测。如果显示临时修复给操作带来的风险高于正常风险，可能需要实施额外的安全措施。虽然一个或两个临时修理可能像在本文描述的那样有正当理由，但普遍存在的临时修理可能意味着潜在的重大事故。

每个运行设备应该建立临时修理实施指南。应该同时考虑故障和其他修复方案的风险。否则，临时修理将成为延长运行周期的理由。

7.2.23 预防性维护不连贯

定期进行简单的维护工作（如润滑或更换过滤器）对熟练操作工人来说通常是简单的操作。然而，当你开始看到这些工作的优先级降低了，这表明对资产完整性的关注下降了。许多工艺设备，有时会发现自己专注于维持工作运行所需的最关键的维修工作，但这可能是目光短浅的。基本的润滑和过滤器的维修清理工作，它们被延迟的原因往往是其他地方有紧急需求，把人从例行的预防性维修任务中抽调出去。这里有一些问题要考虑：

- 对每一类设备，是否有一个标准的工作范围来执行预防性维修（PM）？
- 具体到一项被延迟或放弃的预防性维修工作，有没有做风险分析？
- 需要改进你的预防性维修系统来解决这个预警信号吗？

7.2.24 设备维护记录不是最新的

即使是维修管理系统起着它应该起的功能，如果有文档层面的故障，这类预警信号也会抵消员工良好的实际行动。认识工艺状态和厂房设备对有效过程安全来说至关重要。书面或电子记录是从整体上了解设备和工艺的关键部分。没有记录或记录不完整会限制你在维修期间发起变更和作出改进的能力。它也将限制未来对设备故障有效排解的能力。需要考虑以下问题：

- 你会使用过程安全审计来识别文档的长处和短处在哪里吗？
- 如果是这样的话，管理层是否愿意实施审计团队发现的纠正措施？

7.2.25 维护计划系统长期存在问题

如果维护计划系统有重复问题出现，这表明有问题存在，和管理层保持过程安全水平的关键工具的理解有偏差。当关键的测试、校验或预防性维修工作被错过或安排不当，它可以制造出许多担忧。它甚至可能影响设备的保险。对于使用维修计划系统的大型项目，确保利用该机会所做的每项活动都受益是至关重要的。

- 分配的维护工作优先级有时会被忽视或无正当原因改变吗？
- 没有正当理由，是否有时会忽略或改变已经安排好的维修工作的优先顺序？
- 如果发现长期滞留问题，你会就该系统向公司内部和外部专家咨询来采取适当的措施吗？
  - * 是用户？
  - * 是程序？
  - * 是输入的数据？
- 怎么确定是什么原因造成的问题？

7.2.26 在设备缺陷管理方面没有正式的程序

设备缺陷和问题可能在任何时候并且经常在最不合适的时机发生。这些缺陷通常会被工厂操作人员首先观察到。如果没有一个正式的程序来保持沟通和管理设备缺陷，他们可能不会引起需要修复的关注。建立管理缺陷程序并进行培训是保证安全、可靠工艺的关键所在。正式的程序应包括以下步骤。

（1）对缺陷进行识别和沟通；

（2）记录，确定优先次序，排维修计划；

（3）修复完成，做文档记录；

（4）把完成的维修反馈给操作团队。

如果没有一个所有员工都能参与的正式缺陷管理程序，你可能会危及到及时有效的缺陷修复。强烈建议建立一个正式的程序。

• 你的设备识别缺陷的程序运行有效吗？
• 做过什么工作来优化设备缺陷的修复程序？

7.2.27 维护工作没有彻底关闭

你是否曾经遇到过，比如最近的维修工作区域的格栅或板一直没有更换过？你会看到几个缺失的螺栓或保温层一直未安装。如果工作已经结束了，它应该让人疑惑：那项工作还有什么没完成？

• 你的工厂维修团队是否通过质量跟踪来检查他们的工作？
  * 主动的维护任务不应导致不安全的状况。

7.3 案例分析—美国炼油厂火灾

在加利福尼亚埃文，Tosco 石油公司多年来运营着一个 140000 桶/天的炼油厂。在 1990 年末，几个严重事故的发生最终导致工厂所有权转手。其中一个灾难性事故包括在升降脚手架上从事修理和原油塔相连的泄漏工艺管线时发生闪爆。火灾导致 4 人死亡，1 人重伤和巨大财产损失。

1999 年初，在大约 100 英尺（1 英尺＝0.3048 米）高的立式精馏塔的 6 英寸（1 英寸＝0.0254 米）出料管线发现一个泄漏孔，工厂人员在没有停车的情况下，试图堵上这根和正在运行的单元相连的管线，当这些努力失败后，又决定关掉泄漏处两端的阀门来隔离管线，但阀门关闭并没有减轻泄漏。几天后，最终发现整根管线腐蚀严重，不得不需要更换。

再一次，在单元仍在运行的情况下，制定出一个方案，用冷锯分段拆除这部分管线。发放了几张为期两周的工作许可证。当一大段的管道成功拆除后，一股石脑油涌出喷溅到平台上的几个工人身上。引燃的石脑油立即引起闪爆吞噬了工人和塔的上部。

这起严重的事故显然是采用不安全的工作的结果。但是，引起管子内部泄漏和腐蚀原因是至少一年前管内工艺方案的改变。在泄漏发生前应该通过良好的维修来监测管道的状态。并且，一个安全的工作计划应该在主要的机械施工前要求单元停车和清洗。在维修计划和现场施工时有多个失误。如前面所述，维修是一项保证工厂机械完整性的重要组成部分。当不能保证设备状态安全和以安全的方式维修，工艺或部分设备必须停下来。

从最初的工作许可证发放直到最后的事故发生，为期两周的时间慢慢消逝，特别引人深思。最初没有充分明确问题和工作范围，所以现场的工作没有进展。在进一步尝试隔离管线没有成功的情况下，工作方案变得更为大胆。尽管有员工提出工作不安全，但这并没有传达到中止工作计划、支持停车的负责人那里。正式调查认为来自管理层的压力也是促成这起事故的因素之一。如果管理人员到过现场，他们可能认识到这个问题，并做出一个符合所有人利益的安全决定。

- 管理层充分获知与此作业相关的危害和风险了吗？
- 他们出于安全考虑准备停掉设备了吗？
- 管理层是否以任何方式给人传达了这样的印象：坏消息是不可接受的？
- 你的工厂管理层是否在从事高风险维护工作时考虑了人身利益？

【练习】 你能找出在这起事故发生前存在的预警信号吗？

第8章 风险分析和变更管理

能生存下来的并不是最强大，也不是最聪明的，而是最能适应变化的物种。

—— 查尔斯·达尔文(Charles Darwin)

8.1 风险管理

在一个运行的工厂，风险管理是一个持续不断的努力过程。装置在设计和建设阶段，系统已经考虑到了特定的风险。此后，在日常操作基础上，装置的每一个变更，无论是大的变更还是小的变更，对装置都是一个在过程安全管理技术方面应用风险管理实践的好机会。

8.1.1 危害识别和风险分析

制造、储存或以其他方式使用危险化学品的工厂，安全操作和维护需要一个有效的系统，来识别危害和判定与风险相关的危害是否被有效控制。事实上，没有设施是100%无危害或不涉及风险的。炼油厂就是这样一个好例子。不管使用什么样的方法加工和储存汽油（一种易燃物品），始终存在火灾风险，且燃烧能力不变。

8.1.2 危害和风险定义

对危害造成的风险理解是建立稳健的危害和风险管理系统的基础。要做到这一点，我们首先需要对危害识别和风险分析有一个基本的理解，下面是危害和风险的定义。

- 危害，是一个化学品的固有特性，一种物理状态，或一个有可能造成人身、财产或环境伤害的活动。
- 风险，是一个特定危害产生的后果和可能性的结合。

危害遍布我们周围。挑战是如何识别并控制危害。每一个危害都有一个相关的风险等级。

一个危害要么存在，要么不存在。以汽油为例，一个典型的可燃物料灌装至高液位报警的地上储罐会有如下危害（不仅限于下列）：

• 可燃性；
• 爆炸性；
• 毒性；
• 环境损害；
• 坠落；
• 淹没。

装满汽油的储罐的危害不在于储罐本身，而在于储罐内的危险物质。

涉及上述所列出危害的事故实际发生的可能性，可通过多种方式予以降低（也就是说，危害的风险性可以减小），比如：

• 好的工程设计；
• 全面和有效的机械完整性程序；
• 与储罐作业相关的一系列精确的操作程序；
• 一套有效的安全工作实践（包括定义受限区域）；
• 一个灵敏的环境监测程序；
• 上述与储罐相关的实施行为的文化和资源。

然而，所有的危害依然存在。可以通过后果发生的可能性或者严重性方面降低风险的严重程度，但是只有当危害被完全移除，风险才算消除。危害识别和风险分析共同识别下述事项：

• 存在的危害；
• 危害可能发生的后果；
• 可能造成灾难性后果的事件发生的可能性；
• 旨在降低或消除后果的管理系统和工程控制的识别和实施。

一个有效的系统风险分析，加上之前详尽的危害识别工作，可以提升一个组织的风险管理能力。

危害识别要准确找出在设计和工厂操作中可能导致重大事故的任何缺陷和危害。这个过程提供信息给组织机构，帮助他们评估危害和管理风险。当具体的分析需求和危害情形识别是适当的，危害评估可以偶尔由单个人来完成。最常见和简单但费时的方式是现场检查或按照检查表进行现场检查。查看每项任务和操作来找出存在哪些危害。

更加结构化的方法被用于提高危害识别的效率。很多工具可以用于执行这样的评估。在过程工业中，工艺危害分析是使用较广泛和有效的工具之一。最正式的过程危害分析，比如PHA，需要一个有经验的多学科小组的共同努力。危害评估小组利用其成员的综合经验和判断，加上现有数据，来判断识别问题是否严重到需要采取进一步的行动或控制。

就危害相关的工艺或操作而言，进行风险评估需要明确三个具体问题。

• 什么可能发生故障？
• 问题严重到什么程度？
• 多久可能发生一次？

基于对这三个问题答案的理解水平，我们可以决定怎样才能最好地管理危害使得风险最小化。随着工厂不断获得生产，使用和处理危害物质的经验，并把这些经验记录在了管理系统当中比如：设计标准，规程和程序。这些系统的基础是建立在组织在以下方面的能力：

• 危害识别；
• 风险评估；
• 在整个工厂生命周期建立和实施行政和工程管理系统。

8.1.3 变更管理

变更管理是一个工厂在其生命周期内采用的关键管理系统之一，工业上采用识别危害和管理风险。如果对一个危险工艺或对一个旨在控制危害的管理系统作了一个未经安全审查的变更，事故的风险将会显著增加。当变更涉及一个有危害性操作或含有任何有害物质，必须要有一个变更流程来理解、管理和沟通这些危害。即使引入的是一个细微的变更也可能会对现有的一个或多个管理系统造成不良影响。

变更管理（MOC）要求，我们使用的危害识别和风险分析与变更的范围和复杂性水平相一致。检查每一个工艺变更对基本流程控制系统、操作和维修程序，培训模块以及所有管理系统的影响。

工艺的重大变更被认为是重大和复杂的。通常会进行一个详细的变更管理回顾。然而，工艺中看似微小的变更，有时会被忽视，不当作一个变更管理来审查，或可能被完全忽视。

这样，你可能会在无意中引入一些细小但对管理系统来说是重大妥协。要强调的是发起变更管理的流程必须全面和清晰。

一个管理变更程序的主要目标是确保变更经过适当审查和批准，并确保实施符合发起的变更对应的管理系统和控制要求。必须与受到影响的人员沟通后果。要使一个 MOC 能提出所有潜在影响的情景，首先要识别出潜在的变化。一旦识别出，你可以加以评估并确定变化是否：

• 引入无法预见的新危害；
• 增加了已知危害的风险；
• 减弱或消除了一个已有管理系统。

就像一个工艺的变更，因管理系统的变化或偏差，无论是否已知都可能造成危害被无意中引入并导致风险增加。因此，一个有效的变更管理程序应着重两个关键领域。

- 与新的或不同的工艺、设计、设备或程序相关的危害。
- 与遵守（或偏离）已建立的管理系统相关的危害。

8.1.4 你在风险管理中的作用

一个有效的危害识别和风险评估程序应激励员工承担个人责任和管理自身安全。工人应该有权阻止任何对人、环境、设备有危害的情景或行为。发起变更的人也应该自我提问，我是否真的需要发起这个变更？建议相对于随之增加的风险是否有价值？

8.2 风险分析和管理变更相关预警信号

下列是变更管理和风险评估相关的预警信号：

- 过程危害分析实践不佳；
- 应急备用系统未投用；
- 过程危害分析行动项跟踪不到位；
- 变更管理系统只用于重大变更；
- 未关闭的变更管理积压；
- 过度延迟变更管理行动项的关闭；
- 组织变更不经过变更管理；
- 运行计划经常改变或中断；
- 进行风险评估用于支持已经作出的决定；
- 我们从来都是这样做的意识；
- 管理层不愿意考虑变更；
- 变更管理的审查和批准缺乏结构和严谨性；
- 未能识别出操作偏离和发起变更管理；
- 原始的设施设计用于当前的改造；
- 临时变更转为永久变更未经过变更管理；
- 存在操作蠕变；
- 不作过程危害分析再验证或再验证不完善；
- 旁路仪表没有足够的变更管理；
- 公司缺少或没有对可接受风险分级指导方法；
- 风险登记准备不完善，不存在或不适用；
- 工厂设施没有风险状况的基准；

- 安保方案没有始终如一地实施。

8.2.1 过程危害分析实践不佳

过程危害分析（PHA）应按照已经建立的程序来确定关键人员，必要的文件、方法、后续行动和关闭清单。没有这些控制，分析可能是不完整的。这可能会导致新的危害未被识别或已知的危害假定是受控的，静态的和不变的。工人可能失去对缺陷的正常感觉。结果可能是导致一个重大事故。下列是一些相关的预警信号：

- 人们不知道其在 PHA 中的责任和作用；
- PHA 的引导者缺乏培训或合适的背景经验；
- PHA 计划不佳，在错误的环境下执行；
- 错误的人来引导导致记录不完整或没有记录；
- 工艺危害分析总是赶进度，参与者觉得分析时间不够充分；
- 会议关注点在按期完成任务而不是进行彻底审查；
- 参与者对于 PHA 会议结果感觉对不能确定或觉得他们未能获得足够的参与；
- 认为保护措施一直起作用，并没在 PHA 内列出并通过团队评估讨论；
- 保护措施不适用于特定危险情况，还是被列出而不管其适用性；
- 管理层支持不够并且认识不到 PHA 过程的价值；
- 行动项没有清晰的定义负责人和期限，并且未全部关闭；
- 不切实际的时间限制强加给 PHA 小组，导致快速假设和无效结论；
- 领导层在最终报告中把行动项排除；
- 即使在过程安全审核间隔期间发生多个变更或事件，过程安全再认证仅包括回顾和接受以前的过程安全分析；

这里考虑下列问题：

- 这些预警信号指标被审查过吗？
- 工厂领导层如何提出议题？如何有效地提出议题？
- 工厂员工对关于 PHA 实践的质量和价值认识如何？

8.2.2 应急备用系统未投用

应急备用系统是用来对工厂异常状态下加以保护。如果这些系统未投用，工厂就是在没有关键保护层的状态下运行。工厂的风险会增加并且灾难性事件潜在可能性也会增加。停止或移除这些系统要通过变更管理并且定期审查他们的状态，以书面报告形式汇报给高级管理层。这些系统包括但并不仅限于：诸如抑制报警，使用模拟值和旁路安全系统。这里列有一些此类预警信号的提示：

- 缺少系统的审查过程；
- 缺少报告；
- 管理层没有意识到这些系统状态；
- 安全系统状态没有按固定周期审查；
- 认为是正常操作的一部分；
- 当安全系统不在工作状态没有减缓方案或加强关注；
- 维修计划系统没有优先等级；
- 系统经维修后未经检查就投用；

关于这些预警信号应考虑下面这些问题。

- 怎样发现这些问题？
- 发现应急备用系统未在工作状态会作为事故对待吗？

8.2.3 过程危害分析行动项跟踪不到位

只有当识别出的行动项被跟踪和关闭，工艺危害分析才是有效的。缺少这一步骤，风险依然存在，就如同过程危害分析从没做过。这将进一步导致过程危害分析行动项不重要或优先等级不高的印象加深。一些这方面预警信号如下：

- PHA 行动项的跟踪系统不透明，不易查看，未及时更新，未经评审或和承诺不一致；
- PHA 行动项的跟踪实施不得力，特别是在细节，所有相关子任务的完成并符合截止日期；
- PHA 项不易追踪；
- 没有中央数据库；
- 行动项未指定截止日期。

提问的问题包括如下：

- 需要什么来支持行动项负责人了解以及按时完成 PHA 行动项的重要性？
- 跟踪系统有缺陷吗？
- PHA 小组成员和行动项负责人是否需要特别辅导？
- 管理层是否了解完成 PHA 流程中的这部分的重要性？

8.2.4 变更管理系统只用于重大变更

变更管理囊括所有实际变更，不是仅仅那些涉及安装或替换主要设备。变更管理系统是否包括工艺变更，组织变更，物料替代，移除设备和其他需要的项目？每个忽略这些细微的变更都可能会导致重大事故。

- MOC 被看做工程部门的管理程序，而不是对建议变更进行危害分析；
- MOC 项的号码被用来当做项目号码；

• MOC 过程未被用于微小变更；
• 事故发生在工艺变更过的区域，这个变更却没有经过变成管理程序。

下面是一些需要考虑的问题：

• 我们怎样才能帮助 MOC 系统使用者更容易地识别变更？
• 我们怎么做才能避免小组成员把 MOC 当做行政程序使用？

8.2.5 未关闭的变更管理积压

通常有两类未关闭的 MOC。第一类是开车后的行动未关闭：比如油漆这样的任务可以开车后完成。第二类是开车前要完成的行动未关闭：比如在程序或竣工图纸上标记出哪些项可能未完成。这样预警信号表明存在关键缺陷，意味着开车和投入运行时第二类未关闭的 MOC 存在。

• 你的工厂如何监控变更管理系统，以及开车前后的同步性？
• 你会审查过去的 MOC 的关闭事项吗？

8.2.6 过度延迟变更管理行动项的关闭

变更管理项关闭应包括永久变更系统的变更。无效的，拖延的 MOC 关闭项会导致风险增加。变更可能在没有正确的文件记录和竣工图纸更新的情况下发生。操作人员在不了解准确信息的情况下操作，可能会导致误操作。一些相关的预警信号如下：

• 变更管理项的关闭明显延迟；
• 从实施到关闭的时间过长；
• 实施 MOC 一直未关闭；
• 事故发生在变更过的区域，操作人员没有最新的信息。

试着向你们的 MOC 系统用户提出下列问题；

• 延迟的根本原因是什么？
• 工厂领导层怎样才能更好地提供资源？
• 最缺少哪些资源？

8.2.7 组织变更不经过变更管理

这个预警信号最近受到业内重视。如果不分析组织变更的影响，一个运行良好的过程安全管理系统就会陷入混乱。比如如下这些事例：

• 新员工或新委派的员工；
• 内部员工工作分配调动；
• 离职员工；
• 工厂领导职责重组；

- 人员层级变动；
- 实验室支持；
- 技术支持。

有些地方调走关键人员，又不重新委派人员负责其承担的关键过程安全职责。关于这个预警信号可以询问如下问题：

- 在变更管理程序中是否有特别的章节来说明组织变更增加的风险？
- 管理职位会长时间空缺吗？

8.2.8　运行计划经常改变或中断

运行计划、总结工厂的工艺过程的主要目的，给出整体的指导。经常的变化会导致缺乏清晰的角色、行动、职责，事故就可能发生。员工就不会知道在异常情形下做什么，就会失去对计划规程的信心，采取自己的议程。该预警信号的标志包括以下：

- 运行计划受到不稳定的操作影响；
- 停车检修被取消；
- 检修是被动的，而不是计划好的；
- 在维修状态不良情况下设备继续运行；
- 事故可以追踪到不良的运行计划变更管理；
- 运行计划注重产量，而不是在总体最佳操作方面上。也就是说，计划应当基于性能卓越的安全、环境、质量和经济效益的成功。

考虑下列问题：

- 运行计划能更清楚地定义吗？
- 驱动维护的优先次序是什么？以及它与运行计划的关系如何？

8.2.9　进行风险评估用于支持已经做出的决定

关键决定已经做出并开始实施之后再进行风险评估，不是评估新风险的做法。这个做法隐含了纸面上的练习去支持已决定了的内容。这个预警信号的标志如下：

- 在组织内只有几个做决定的人，他们倾向于根据他们有限的经验做决定；
- 在风险评估前，决定已经预先设定并得以实施了；
- 风险分析是在压力下给出合适的数字，而不是正确的分析。

如果这个预警信号存在，考虑下列问题；

- 这是否是组织文化方面的问题？
- 你们将怎样沟通这种做法对组织是有害的？

8.2.10 一种我们从来都是这样做的意识

如果参与变更管理和风险分析的人发现在第一章中描述的行为偏离变得正常化，这个预警信号就存在了。一些关于这个预警信号的标志如下：

- 工艺参数偏离到一个新的稳定状态，大家仍然认为是可接受的范围；
- 标志和标签已无法辨识，但是每个人都知道他们是什么；
- 听到类似评论，比如他已经是一个培训过工艺 B 的操作人员。我们会给他一个工艺 A 的快速概览，他就可以操作工艺 A 了；
- 可以听到评论，比如那个泄放阀经常被黏住；只要每个班次敲打一次，它就好了；
- 操作人员在变更实施几周后，才发现更换了设备；
- 所需程序的修订没有根据工厂实际的变更完成。

这些行为都代表接受一个不完整过程安全管理系统。

考虑下列问题：

- 你们会审查这些主要基于感知的预警信号标志吗？
- 工厂管理团队怎样阐述这些问题，并且有效性如何？
- 关于这些预警信号工厂员工怎么看？
- 有主动验证当前的实践，并确保纠正过时的做法吗？

8.2.11 管理层不愿意考虑变更

管理层的支持对于过程安全的成功是非常关键，如果管理层表现出不愿接受各种类型的变更，他们可能扼杀必要的改进，或可能不按照程序而寻求捷径。这些行动可能导致意料之外的行为和事故。抵制变更管理的标志包括如下方面：

- 员工认为他们的建议或提议是不受欢迎或不需要的；
- 管理层抗拒变更和想要继续维持现状。

这里请考虑如下问题：

- 管理层从上级得到指示是什么？
- 管理层理解过程安全的价值吗？

8.2.12 变更管理项的审查和批准缺乏结构和严谨性

当工厂员工把 MOC 过程当成一种作业形式，这个预警信号就存在了。随变更管理的批准对应的是对变更的职责。如果责任不明确，变更管理过程就被削弱了。人员的尽责以及他们积极的态度对于变更管理是至关重要的。其他相关指标如下：

- 管理过程太灵活变更。它没有完整规定在所有先决条件达到后必须谁来批准变更；
- 能够避开关键决定人员是因为不想拖延过程或被询问太多问题；
- 变更管理项目缺乏反馈和质疑的证据，也未有偶尔的拒绝变更证据；
- 如果在你的工厂管理变更中有紧急变更，且经常使用紧急变更。这可能是一个信号，表明人们只关心变更的实施，而不是正确地管理变更，导致错误地使用紧急变更。

需要考虑如下问题：
- 目前的 MOC 系统是否正被滥用和忽略？
- 系统是否被设计成确保优异的过程安全？

8.2.13 未能识别出操作偏离和发起变更管理

如果一个稳健的程序或流程没有得到实施，操作人员可能没有识别到工艺操作已经偏离出正常范围或没有意识到偏离可能的后果。当发生这样的偏离时应分析这些偏离，操作人员使用提供的评估方法，流程培训和程序文件来解决问题和记录这些偏离。
- 是否操作决定只凭经验而未经过风险分析？
- 是否缺乏提供了适用的程序，工艺流程和操作指南的证据？

8.2.14 原始的设施设计用于当前的改造

工厂的设计应当经过过程危害分析的挑战（比如 HAZOP 研究或其他方法），通过准确的竣工图纸和工艺信息来证实原始设计，以及随后变更中所有的风险被辨识出。如果忽视过程安全的努力，不使用变更管理进行改造。就有可能有很多未经管理的变更潜伏在工艺流程中。进一步的改造需要经过严格的 MOC 程序管理。

这里需要考虑的一些问题：
- 竣工图纸准确吗？
- 工厂的产能做过负荷测试吗？
- 从事这样的活动有其他益处吗？

8.2.15 临时变更转为永久性未经过变更管理

这个预警信号就和工厂变更绕过变更管理系统一样。建立严格方法来确认所有的临时变更状态和每个临时变更转成永久变更需要重新评估，并且是工厂变更管理程序的一部分。
- 变更管理程序是否要求，在把临时变更转为永久变更时进行再次审查？
- 如果您已经有一个这样的系统，它正在被执行吗？

• 临时变更持续更新是为了避免正式的评估和批准吗？

8.2.16 存在操作蠕变

操作蠕变就像组织蠕变，是通用术语偏离正常化的子集。操作蠕变是工艺条件随时间改变但仍然在安全的上下限以内而未加管理的一种状态。这些操作可能离不安全状态越来越近，而未意识风险。定期针对当前的操作参数与以建立的操作限制进行审核可以帮助识别风险。

• 是否检查并确定操作蠕变在您的工厂过程中是否是一个问题？
• 操作蠕变是否导致你的工厂正常的操作参数超出原始设计值？

8.2.17 不做过程危害分析再验证或再验证不完善

一旦一个工艺的正式危害评估完成，就需要一个周期性的更新和再验证来体现变更。这不仅仅因为是好的实践，在很多国家也是法规要求。如同早先讨论的，在评估和管理相关风险前应先识别危害。

在工厂生命的早期，PHA 小组成员的批判性思考能力可能仅限于存在的化学品和工艺本身。随着长期工艺的操作运行，其见解得到改善。再验证时审查小组将采纳原始或上次 PHA 以及验证周期内发生的事件或未遂事件中得到的经验，整个小组会对上次审查后的所有变更管理有一个整体的回顾。

这里有一些问题需要思考：

• PHA 再验证管理是否基于行业基准？
• PHA 再验证是否有质量的基准？
• 自整个工厂过程危害分析（PHA）完成后，又重做了多少个 PHA？

8.2.18 旁路仪表没有足够的变更管理

当环境、健康和安全关键设备（Environmental Health and Safety Critical Devices：EHSCDs）从运行中移除的情形需要加以控制，技术人员持有不同观点吗？如果关键仪表需要维修或校验，在其停用期间风险就会增加。这个预警信号的出现可能与组织文化有关，重新审查预警信号来看它们之间是否有相关性。

很多工厂（单位）有单独的变更管理程序或部门来帮助确保环境、健康和安全相关的关键设备被短时间从运行中移除的进行有效分析、授权、沟通和记录保留。这个方法可以一直用于管理需要停用环境、健康和安全关键设备（EHSCDs）。尽管在这个程序中要求的步骤可以为管理这些特定类型的变更提供有效合理的途径。如果停车超过一些天数，通常还需要一个完整的变更管理审查。应考虑下列：

- 确定设备或系统的属于 EHS 关键设备或系统；
  * 注意当停车时，停用 EHSCD 是被一个现有已批准的操作程序管理的（例如，旁路 SIS 来安全的开车或停车）。这个批准的操作程序也适用于这一管理行为。
  * 注意这一途径只适用于停车时旁路一个已批准的机械完整性程序或工作指导规定的 EHSCD。
- 确定计划活动的影响和风险；
- 描述一个 EHSCD 的预防性维护的解除停用；
- 描述一个 EHSCD 的解除停用是因为工艺波动，非计划停车或设备故障；
- 恢复投用 EHSCD 批准表格和相关文档。

通常程序会包含一个可接受减缓措施的记录表，用于对员工在仪表运行中断时增加适当的保护层最基本的指南。

- 你们评估过工厂控制仪表旁路情形的方法吗？
- 是否能提供实施一些改进措施？

8.2.19 公司缺少或没有对可接受风险分级指导方法

一旦识别出危害并分析了相关风险，应确定可接受的风险水平。管理层应当沟通可接受的风险承受标准，以及如何应用这个标准的期望。这对于帮助指导风险识别和风险分析小组确定是否需要进一步的行动项或控制，以实现公司的风险目标是至关重要的。也有助于选择最适合的风险控制措施。对风险的错误分析可能导致公司有限的资源使用效率低下，或者未察觉到所接受的风险已经超出公司风险承受能力的风险。

风险可接受标准和风险分析程序应以适当的详细程度记录，以确保风险分析、优先级确定和风险沟通是一致的和准确的方式进行。编写目标应当清楚地阐述对公司的益处，并且明确的表达这些程序的价值。

- 是否有发生过关于公司的风险承受能力、有关程序和计划沟通失败的案例？这是主要标志性的预警信号。
- 管理层在做出影响安全或生产的决策时，是否遵循公司的风险承受标准？

8.2.20 风险登记准备不完善，不存在或不适用

一旦风险被识别出，风险程序中通用的做法是把它们输入到风险登记系统。对工作场所所有重大风险进行登记是一项重要的参考工具，因为它可以帮助识别在其他区域的新风险，并且记录了为控制现有风险而采取的行动项。未能更新或在最坏情形下，未能准备风险登记系统，可能表明公司不具备跟踪危害识别和风险分析结果。这使得基于风险的决策变得困难。

风险登记表可将这些风险分析结果传达给管理层，以便他们了解已识别的风险和建议的行动项，用于管理这些风险。风险登记系统也同样让公司能有效地管理建议项和跟踪行动项，通过制订行动计划来确定责任和实施的最后期限。

最后，风险登记表能让公司定期重新评估其残余风险。风险登记表帮助公司将这些风险放在第一线。这使得将现有风险与任何新风险进行比较，或评估新的技术和程序是否能进一步降低风险的工作变得简单。

- 你们公司定期更新风险登记系统吗？
- 是否将风险登记表作为定期过程安全管理工作的一部分提交给管理层？

8.2.21 工厂设施没有风险状况的基准

风险状况基准是基于已完成的风险分析和过去的风险决策的基础上所确定的风险水平。它是确定未来风险决策的基准。风险状况描述了所有类型的风险，包括安全、环境、生产、声誉和资产。如果尚未指定风险状况基准，可能说明管理层还没有真正了解风险。还说明过程风险分析、设施选址和总体问题没有得到适当地管理。

- 工厂的风险状况的基准是最新的吗？
- 工厂风险分布状况是否符合公司的风险可接受标准（或风险矩阵）？
- 是否试图努力保证将来的变更不会偏离已经建立的风险基准吗？

8.2.22 安保方案没有始终如一地实施

工厂需要建立安保措施，以确保未经授权的人员不能进入危险的工艺和设备区域。非技术人员或未经授权的人员进入危险区域时会使自己和他人处与危险之中。有犯罪意图的个人（如不满的雇员），如果允许进入基于面部识别授权的设施，就会造成重大后果。车辆也应进行搜查，以确保未经授权的物品不能进入工厂。

在一些工厂可能会有一种随意的倾向，根据人员的工作着装或驾驶的车上的标志来准许员工的进入。应该禁止这样。此外，安保和安全管理不能因为是访客参观，审计小组或高层管理层而开捷径。同时，不应该允许忘带胸卡的同事跟随带有胸卡的员工进入工厂。

- 你们的工厂周围是否有围栏或屏障来阻止未经授权的人进入？
- 是否张贴预警信号来告知访客有关的危害和进入的要求？
- 是否要求所有的员工出示带有照片的公司胸卡？
- 当员工结束雇佣关系后进入厂区的权限会被取消吗？
- 所有进入工厂的机动车在入口处会进行例行检查吗？

8.3 案例分析—环己烷爆炸（英国）

1974年6月1日，在位于英国傅立克斯镇的Nypro（耐普罗英国）基地被一个巨大的爆炸严重摧毁（见图8-1）。28个工人死亡，36人受伤。

图8-1 傅立克斯Nypro爆炸后

爆炸是从三月份开始的一连串事件引发的。事发那天在5号环己烷反应器上发现了一条6英尺长的垂直裂缝。工厂随即停车，以调查原因。

然后决定拆除5号反应器，并且安装一个临时的旁路管线。旁路管线不是由专业的管道工程师设计的。该工艺操作在4月1日重启。旁路管线脱离了临时支撑，但最初保持住了它的完整性。

两个月后，在6月1日另一次开车时，旁路管线两端用波纹管相连接，变形成V状并且失效。结果泄漏的环己烷形成一个蒸汽云，碰到一个点火源发生了爆炸。

哪里出错了，他们有哪些预警信号？

对这个事故的调查得到下列关键事实：

- 工艺过程变更管理不足；
- 偏离正常状态（环己烷泄漏）；
- 工厂内变更的危害识别不足；
- 装配后未做压力测试；
- 缺少完整的计算；
- 重新开车（恢复后）的维护程序不足；
- 工厂布置和中控室设计没有考虑发生重大型灾难事故的可能性；

- 操作程序不够稳健；
- 应该执行危害审查。

从发现问题到重大事故发生有明显的时间延迟。开过会议，决策者参加了会议，制定了行动方案并加以实施。他们意识到有严重问题。参与的公司领导和工人也许会说他们已尽职尽责。帝斯曼（DSM）找到了反应器泄漏的直接原因，通常为了维持生产而旁路设备。这是多数公司应该面对的，而且通常是很成功完成的。但之前的成功并不等同于良好的系统和良好的控制。

（1）变更管理不充分

反应器最初的垂直裂纹是因为使用硝酸调节水的 pH 值来控制泄漏。硝酸的添加导致硝酸盐的应力腐蚀开裂。硝酸盐应力腐蚀开裂是冶金的一个众所周知的现象。这是变更管理的失败。

调查找到了根本原因，但并没有停止这种做法。也没有扩展到管理系统，如变更如何做出、批准、投用，如何监控水，或是否需要测试。

泄漏是早期的一个预警信号，表明有些事件没有得到控制。裂痕表明变更管理存在严重缺陷。外部专家识别出了根本原因，但后续行动并没有解决问题。

安全、工程和技术审查应在设施和工艺修改之前进行。这些审查应当是可追踪的，并确定对工艺条件、操作方法、工程方法、安全、环境条件、工程硬件和设计的变更。

仅仅变更管理程序就能够阻止这个事件的发生吗？它可能有帮助作用，但变更管理程序必须足够强健，才能管理罕见的灾难事件。如果没有管理变更，就有很大的潜在可能性。此外，如果有变更管理，则需要对变更管理进行审查，以确定是否符合其功能要求。应允许有足够的时间进行完整的危险识别分析和记录存档。工厂是否已经识别出潜在的灾难性事件，并培训员工如何应对？参与的人员应当知道自己的角色和责任，并有适当的技能。相应的是对应急情况的职业训练。如果这是一架在 3 万英尺的飞机，而左引擎被火烧了，你的工厂会对事件有同样的严谨、冷静和反应吗？

（2）工艺危害识别不充分

早期的预警信号是频繁的环已烷泄漏。泄漏变成了是日常事件。偶尔会导致工厂停车，但并没有触发全面彻底分析出所有的根本原因以及如何预防环已烷泄漏。泄漏代表一种围堵失效。它们是不可接受的严重事件，需要加以识别和实施预防性行动。旁路管线的安装没有充分考虑到环已烷的危害。

所有员工都必须意识到他们所从事工作的相关危害，并能够确定涉及的风险是可以接受的。本案例中，危害没有得到足够的审查。工厂的专业技术不足，审查的重点放在了如何重新开车，而不是管理系统失效。

审核是用于识别管理系统失效的关键工具。第三方审计以冷静的眼光来进行审查会特别有用。审计检查事情的运行方式与实际操作的运行方式进行比较。通过彻底的审查来发现行动项，而不是依靠从事故中得到教训。

应当进行风险分析，以确定危害的可能性和后果。风险评估的一种形式应当能够识别出变更对工艺过程和人员安全的影响和风险，以及可以采取什么行动来减少或消除风险。可能需要考虑引入的其他风险：火灾，爆炸和控制失效。

应当在合适的环境，由合适的人员利用正确的信息，遵循正确的流程，在高级管理层正确的关注点和支持下进行危害识别。

管理系统和决策的产生应该有依据流程，才能产生正确的结果。这些应在发生事故之前到位，足够稳健以抵抗来自生产和其他方面的压力。

(3) 管线安装后未经过压力测试，应力分析或有效检查。

波纹管的失效、投用后的扭曲变形和支撑的不足在随后的失效模式调查中被高度怀疑。

预警信号是管线安装后没有进行适当的水压测试。由于估计到的困难，水压测试被讨论到了但是被取消了。看上去没有考虑反应器安装盲板，高点放空以及排放。选择了在线测试，但又不清楚检查什么以确认操作良好。管线临时用脚手架支撑，管道在外加的负载下扭曲变形。

在正常和异常的操作条件下，对波纹管、支撑和应力进行适当的审查，就会发现旁路管线不适用于这个工艺。

一个适当的检查和设计时考虑到水压测试就会发现设计的潜在问题。它就可能表明这个临时管线可能不稳定和不能承受运行负载下产生的不可接受的位移。

没有证据表明做过应力计算或采用可替代的等效保护方法。所进行的计算只能证明管线的流量流通能力。

早期的预警信号是采用了一个非常危险的行动，没有投用后的监测，并根据观察而采取行动。

- 没有检查管道设计标准。
- 工厂没有专家并且没有到工厂外去寻找专家。
- 没有图纸。分析中没有考虑到工艺过程的危害和失效后果。
- 管线安装在临时支撑上。没有正确的设计这些支撑。
- 管线临时被固定在脚手架上，在投用时管线脱离了支撑。
- 当管线脱离支撑时，并没有触发任何的行动或进一步的分析。在这一点上，反应器的接管支撑管线，基本上是波纹管承担了全部负载。
- 没有检查波纹管供应商手册和设计服务详细信息。

(4) 工厂布局、设施布置和库存没有考虑到失效后果。

18个人死在中控室。没有幸存者。工厂在初始设计就没有充分的风险分析。

- 工厂布置没有考虑到重大事件的发生。
- 中控室没有设计成可抵御重大事故。
- 工厂库存没有最小化，并且在发生重大事件时，没有足够能力来隔离工艺。

• 本质安全设计原则没有得到遵守。

(5) 没有编写详细的适合风险水平的操作手册。

在开车发生异常情况时爆炸发生了，需要对开车阶段的操作程序进行修改。发生了泄漏，没有氮气可用，反应器必须切换到干燥循环。在白班期间，温度并不稳定，并且反应器无法排放到低压。目击者的报告显示，在主要爆炸发生前的30～60分钟内，已经发生了一些事故。所有这些信号表明正在出现故障。

工厂应该有书面程序，对异常事件进行充分和彻底的审查。这包括停车程序。操作人员应该接受过这些程序的培训。

程序应当参考以前发生的事故，事故的原因以及预防措施。预防措施应完成关闭（工艺控制，仪表，保护措施比如围堵，反应器放空，急冷和反应抑制）。

关键操作的程序应使用最佳实践，并要求明确确定的步骤和职责进行签名。危害也应反映在程序中的相关操作步骤中。

(6) 维护过程失败

在关键连接点上发现两个松动的螺栓。小故障可能导致严重失效，需要进行系统恢复检查和签收。在非关键管线上发生的事故发出预警，表明目前的系统不够稳健。在系统再次投用前，操作人员应当巡检，以保证螺栓连接拧紧，并安装好了正确的垫片。程序和整个维修过程应当确保维修人员了解工作环境的危害本质。

编写良好的维护程序应考虑到人为因素，工人的技能水平，易维护原则，故障率，故障识别标准和临界性能。

【练习】 你能识别出在这起事故前其他的预警信号吗？

第9章 审核

考核是为了知晓。如果你不去考核，你就不会改进。

——开尔文勋爵(Lord Kelvin)

9.1 有效的审核，支持卓越的运营

标准和管理体系明确定义过程安全体系的要求。审核是用于考察是否符合过程安全的要求。尽管审核通常会花费较多资源，但目前审核还是最好的方法，用来考察（或考量）一个工厂在一段时间内，与类似风险和法律体系中其他工厂进行对比，是否有改进，审核的结果用来决定如何更有效地利用资源来改进管理和提高绩效。但是，一个失效的审核计划也会浪费有价值的资源，造成误导信息，可能对工厂作出的评价要比实际情况好得多。有效的审核系统能够使（公司）关注重要的问题，进行长期的、可持续的改进。有限的审核系统能够使公司的高级管理层了解符合当地法规和公司管理系统的情况，以便于他们制定基于风险的决定，来更好地分配公司的资金和人力。有效的审核系统也能够考量高级管理层对于过程安全的承诺。

9.1.1 审核团队资质

审核是一个团队活动。因此，团队的组成至关重要。每一个审核团队都应该有以下资质的团队成员构成：

- 审核重点领域的专家；
- 通晓适用于被审核工厂的当地法规，和公司内部管理体系的要求；
- 对于过程安全和日常活动如何与过程安全相关联，有基本的理解；
- 对于审核所使用的提示表等工具有基本的理解；
- 接受过审核和与人员面谈的基本的培训；

- 团队中至少有一个成员了解被审核工厂的基本的操作和工艺。会考虑到操作员工。

审核团队领导应该：

- 已经接受过程安全管理的培训（公司内部的课程，或是由有声誉的培训机构组织的公开课程）；
- 接受过审核团队的领导力培训课程；
- 作为审核小组成员，参加过以前的审核。

9.1.2 内部审核和外部审核

审核包括内部审核和外部审核。内部审核由工厂自行组织，没有来自外部的支持。这通常也被称为第一方审核或自我审核。另外一种形式的内部审核是指内部的第二方审核。内部的第二方审核会有来自其他工厂，或公司总部人员的支持。内部的第二方审核可以由来自工厂内部或者外部的人员来领导。内部的第二方审核通常比较有效，因为他们包括了来自外部的看法和经验，而且工厂之间可以分享好的管理实践，这对工厂很有帮助。外部第三方审核在审核过程中有来自外部机构的参与。这个第三方机构可以是承包商，执法机构，或者客户。第三方审核通常需要来自工厂内部人员的支持，但是有外部第三方来领导。

9.1.3 审核程序

审核程序定义了审核的范围，对审核团队的构成提供指导。有些审核程序属于通用型，用于考量对于整个工厂的管理系统的运行状态。而有些审核程序则非常具体而且有针对性，用于考量在个体层面、特定领域的符合性。今天大多数的审核程序被设计成审核综合的管理系统，同时从安全、环保和质量角度，考量符合性。尽管综合的审核程序通常是考量工厂在各方面符合性的有效的方法，但是它对于具体的法规要求，缺乏针对性，会给予工厂和审核团队一种误认为安保的感觉。当使用综合的审核程序进行审核时，需要小心，确保列出足够的细节来满足具体法规的要求。

当进行审核时，审核团队应当首先关注这些主要的问题。

- 对于要求的活动，工厂是否有政策或者程序？
- 工厂的政策或者程序是否很好满足审核程序的具体要求？
- 职责是否清晰？
- 现场的做法是否能够证明符合政策或程序的要求？

审核团队应该使用不同的方法来考量符合性，包括具体的检查表，看政策或程序是否足够，通过检查执行记录来核实，通过与工厂人员的面谈来确认活动在期望的水平进行，能够满足符合性。

9.1.4 公布审核结果

审核是为了考量符合性。审核过程将判定，①工厂是否有政策或者计划，满足具体的要求；②政策或程序是否足够，能够满足符合性；③工厂是否有相应的做法，是符合政策的。当进行审核时，审核团队将从这三个角度观察，看需要改进的方面。公司来判定，是否既需要识别出值得注意的活动，又要指出需要改进的方面。某些公司只关注缺陷，不去识别在审核过程中观察到值得注意的活动。但是，很多公司已经确定识别真实的、值得注意的行为，是确保活动能够持续的关键。

当确定审核发现的问题后，审核团队将系统的阐述建议，来提高符合性。这些建议将被转化成一系列行动项和一个行动计划。监控和管理这些行动计划通常是工厂的职责。但是在很多公司，公司总部的职能部门越来越多地参与到监控行动计划的进展直至完成，而且定期向公司的高级管理层报告进展。所有参与审核活动的人，从审核团队，到工厂管理层，直至公司的高级管理层应该知晓行动项的状态及进度报告的完成情况。令人惊讶的是，这些功能极少发挥作用。

9.2 与审核相关的预警信号

有一些与审核功能相关的预警信号：

- 在随后的审核中出现重复性的问题；
- 审核经常缺乏现场的确认；
- 以前审核发现的问题仍然存在；
- 审核没有与管理层讨论；
- 检查或审核结果发现重大的问题；
- 收到监管部门的罚款或传票；
- 经常性的外部负面投诉；
- 审核只聚焦好的消息；
- 审核报告没有与所有受影响的人员沟通；
- 公司的过程安全管理指导文件与工厂的资源和文化不匹配。

9.2.1 在随后的审核中出现重复性的问题

当随后的审核中发现重复性的问题，以下的情况发生：

- 工厂没有针对之前发现的问题采取行动；
- 工厂不理解或者不同意之前发现的问题；
- 工厂针对之前发现的问题制订了行动计划，但是行动计划不足以解决问题，或者行动计划没有得以充分的执行；

- 在工厂执行行动计划后，不合规再次出现。

当重复性问题出现，公司应该问以下几个问题。

- 我们的行动计划监控系统是否足够？
- 是否有适当的管理层负责，确保行动计划有效，按时的解决问题？
- 是否存在系统性的过程安全方面的问题，需要更频繁的，或者不同方式的监控？

重复性的或未解决的审核发现项，通常是不完善审核过程或不适合的跟踪系统的一个信号。

9.2.2 审核经常缺乏现场的确认

管理风险的第一步是识别需要哪个政策或者程序，并且建立这些文件。但是，执行程序或者政策需要沟通和培训。通常这是实际执行计划中最困难的一步。

为了提高审核的效率，降低审核过程对运行的干扰，审核团队通常花较少的时间去确认系统工作在活动进行或控制需要的现场。这就造成了基于书面的审核。如果要向工厂的管理层提出一个可信的实例，审核的发现需要现场确认的支持。仅仅是一些负面的，偏颇的意见不能构成一个有效的审核。

应确定进行的现场确认是否不足，考虑下列问题：

- 我们是否试图通过减少现场确认系统是否到位或起作用，来减少实际的审核时间和工作？
- 审核团队是否有足够具备适当专业能力的成员，来确保现场确认的工作是有效的？
- 是否有适当的反馈过程，允许现场确认影响审核过程？
- 是否至少有一名团队成员有足够的工厂经验，以明白需要在何处确认，通过怎样的方式？

一旦建立程序，在审核过程中进行现场去确认系统验证是否得到执行是审核过程中重要的一个步骤。

9.2.3 以前审核发现的问题仍然存在

审核中常常会发现一些法规性问题需要花费投资和大量时间去解决，也会有一些比较容易解决的不合规项。当在审核中发现以前审核发现的问题仍没有被解决，需要问一系列问题以确定预警信号。

- 为什么这个问题没有被解决？
- 是否制订了行动计划来解决这个问题？

- 工厂是否定期跟踪行动计划的进展？
- 行动计划是否有优先级？
- 工厂或公司的高级管理层是否知晓并且支持这个行动计划？

如果行动计划已经有优先级，并且根据风险级别分配资源，那么这时未完成的行动计划和对于审核发现问题根本没有制订行动计划之间，是有显著区别的。

9.2.4 审核没有与管理层讨论

过程安全绩效是由业务部门或工厂的高级管理层负责的，承担这样的责任需要有效的业绩反馈。当确定以前审核发现的问题仍没有被完全解决，需要从审核系统监督和跟踪，或通过随后的审核，问以下的问题。

- 以前的审核报告会是否有适当的管理层出席？
- 如果高级管理层不能出席审核总结会，是否委托合格的代表代为出席？如果是这样的话，被委托人是否与委托人充分沟通？
- 审核报告是否被发送给管理层，是否提供计划回答针对审核发现的疑问？
- 工厂是否有资源充分地解决发现的问题？
- 被审核的组织或工厂，在审核之后，是否有一个正式的回顾流程，来确保问题被及时的解决？
- 是否定期与高级管理层沟通，关于回顾和监控审核发现的状况？
- 当高级管理层注意到在回顾和监控审核发现时存在的缺陷，高级管理层是否有适当的响应，来表明对于审核流程重要性的高度承诺？

当审核结果和随后的跟踪和绩效监控没有与管理层汇报沟通，系统本身可能存在缺陷，缺乏管理层对于审核职能重要性的承诺。

9.2.5 检查或审核结果发现重大的问题

审核是需要花费时间的活动，它需要时间和人员才可以完成。但是，每个组织都宁可通过审核发现重大的不符合项，而不是由事故发生后的事故调查中发现重大的问题。如果对于工厂或部门的审核更有效，那么发现重大问题的可能性会更小。但是，偶尔审核也会发现一些重大的情况，当这种预警信号出现，需要问以下问题。

- 这个问题一直存在，并且是第一次被发现的吗？
- 是什么造成这个重大问题？
- 跳过变更管理对于这个问题的影响有多大？
- 这个问题是一个系统问题吗（同样的问题存在与工厂或组织的其他区域）？
- 重大问题是如何在组织中沟通的，以确保每个人从中学习？
- 审核过程或者审核人员的变化对这个重大问题的发现有贡献吗？

• 做过原因分析，来确定这个重大问题的根本原因吗？

9.2.6 收到违法的罚款或传票

在组织中，罚款和传票是怎样被查看的？它们是否被认为是需要纠正行动的失效，还是被视为商业业务成本的一部分？违法罚款和传票的数量，金额和严重程度是一个警示标识。将自己工厂和同类型工厂表现做比较与用自己工厂和政府检查结果做比较是相对容易的。了解组织的绩效在所在行业的平均水准，这是很有帮助的。关于组织对于法规符合性的方法，问自己以下问题：

• 是否有流程来确保，罚款或传票所要求的行动，得到及时和彻底的执行？
• 是否定期向公司的高级管理层汇报法规符合性的状况？
• 是否在公司内部的审核体系中已经包括了法规符合性的检查，而且在收到传票之前实施了整改行动？
• 你们的组织是如何有效地从类似的事件（内部或外部的）中学习的，并且在收到罚款或传票之前就已经对法规性问题有响应？

如果你的组织收到了少见的大额罚款，或收到了很多小额的罚款，那么这表明可能缺乏管理层对于法规符合性的承诺，或者缺乏有效的法规符合性管理体系。

9.2.7 经常性的外部负面投诉

媒体有关审核绩效的负面报道通常表明两种可能的问题。第一，法规性审核导致大量的传票，严重的违法，或大额的货币罚款；第二，组织的社会责任会被社区质疑。问以下一些问题：

• 你的组织是否采取积极的整改行动来解决问题？
• 是否严肃地对待来自外部的投诉，这些信息是否在组织内部以透明的方式报告？
• 来自外部的负面报告是否使公司重新审视它的运行管理，或是这些信息被当做边缘信息，在初始阶段就被忽视？
• 你的组织是否定期邀请社区人员进入你们的工厂，并进行对话？
• 工厂是否支持当地的应急委员会和急救人员，并与他们保持良好沟通？
• 是否尽力与投诉的源头沟通，使他们知道这些问题的进展？

9.2.8 审核只聚焦好的消息

是否在审核中发现很少的负面问题？你的组织是否建设性地回顾审核绩效，寻找改进方法？如果一份审核报告中，出现不恰当的过度宣传过程安全管理的长处，胜过强调不足之处，这可能表明存在一个氛围，审核员觉得不便汇报需要改进之处。这也可能是工厂管理层明确地要求从报告初稿中删去负面的发现。这也可能是外部的第三方审核机构，从经济原因考虑，试图维持一个有利的工作关系。不论是受影响或者其他原因，审核员不应该随意改变他们的印象，除非是缺乏证据，或者是在审核初稿后，有新的证据提供，能够支持对于最初发现的改变。

- 审核团队的发现是否被管理层更改，降低了潜在问题的重要性？
- 审核团队在审核后是否询问，是否受到不适当的影响？

审核是对于系统和过程的仔细检查，寻找改进的机会。当观察到好的管理实践，需要记下来并且报告出。但是，如果审核报告一直是肯定的信息，这也可能是组织不愿意接受建设性的批评，而且不愿意承认有值得改进之处。

9.2.9 审核报告没有与所有受影响的人员沟通

审核发现的问题是否被当做保密的信息，只有管理层和少数人才可看到？工厂所有的员工都应该知道组织的表现。审核结果能够帮助激发员工参与到管理系统活动的积极性。如果组织的过程安全绩效是好的，员工应该受到认可，感谢他们的参与和努力，这些才可以符合要求。如果组织中有多个工厂，分享审核结果将会是一个分享好的管理实践的好机会。以下的一些问题可以帮助你确定这个预警信号是否存在于你的组织：

- 你的组织中是否建立了标准的流程，来与所有受影响的人员分享审核结果？
- 对于审核后的行动计划，是否与所有受影响的人员定期沟通行动计划的状态？
- 你的组织是否支持邀请员工参与到审核的过程中？

9.2.10 公司的过程安全管理指导文件与工厂的资源和文化不匹配

有多个工厂或者业务单元的组织，每个工厂或者工艺都会有特定的风险。不同的工厂在文化和资源方面会有很多不同。在一个较大的组织中，为了达到可持续的过程安全管理，标准或者指导文件可能会过于复杂，或者非常雄心勃勃，难以使所有的工厂都符合。有时，会是相反的一面，组织建立的指导文件或指令是针对低风险或者较少资源的工厂，对于大的工厂，或者高风险的工厂是不足够的。如果你的组织是一个大的，全球性的，考虑以下几个问题：

- 你们是否建立了一个高层次的指导文件，比较宽泛，允许工厂灵活地制定工厂特别的程序以满足工厂特别的需要？
- 在制定公司层面的程序时，是否邀请工厂的代表参与？
- 在组织内是否有一个系统，让所有的工厂来分享好的管理实践？

尽管绝大多数的过程安全程序最终拥有相同的目标，但最有效的程序是根据特定风险而量身定制的程序。

9.3 案例分析—化学品仓库火灾（英国）

在1989，有一个大型的化学品仓库，建在位于英格兰，布拉德的工厂联合胶体公司旁边。最初的目的是为了保护对于冷冻敏感的氧化剂，有超过400种工业化学品被存放在这个仓库中。仓库提供的文件包括化学品的隔离计划，操作化学品的安全操作准测等。在仓库中工作的125名员工中，没有一个人能够胜任操作化学品的工作。1992年，这个仓库发生一场大的火灾，仓库的大部分在火灾中被损毁。30名员工和消防队员接受住院治疗。受污染的消防水造成了重大的环境影响。如果火灾继续发展，大量的丙烯腈和氯甲烷可能继续释放或被烧毁。这家工厂的生产区域可能也被损毁。

在发生事故的早晨，仓库中蒸汽加热的排风扇开始工作，排出湿气。至少一种存放的化学品是热敏感的。加热造成一些桶装的热敏感材料爆裂，白色粉末漏出到地面。一名路过的员工认为粉末是烟雾，他拉响警报。除了寻找这个化学品的数据表以外，没有采取其他行动。在很短的时间内，漏出的材料被点燃，火焰迅速地在仓库蔓延开，并且进入了工厂。仓库中没有消防喷淋头。共有2700吨的化学品在这次火灾中被烧毁。整整一个小时之后，应急响应队员赶到现场，但是没有消防水来灭火。于是从远处的一个蓄水池中，用管道送水到现场。这更加拖延了救援时间。大量的受污染的水，流入了下水系统，附近河道内的鱼死亡。后来才确定，粉末状的化学品可能遇到了漏出的过硫酸盐或其他氧化物质。混合物可能是被撞击引燃的，可能是一个损坏的金属桶的盖子和金属圈撞击。火焰在仓库蔓延开，烟雾扩散到附近的公路。这个火灾被持续关注18天，以降低再次被引燃的风险。

这个事故是管理系统完全失败的结果。它始于安排不合格的人员来建造和管理仓库，问题一直持续到运行。过程安全管理的每一个要素均有明显的缺陷或无效。之前的审核，包括一次健康与安全执行局的审核发现了许多的问题，后来这些问题导致了事故的发生。但是，并没有采取行动来解决这些问题。缺乏审核的跟踪和检查是一个重大的预警信号，可能导致灾难性的后果。

【练习】 你能识别出这次事故暴露的预警信号吗？

第10章 从经验中学习

唯一真正的错误是我们从中什么也没学到。

——约翰·鲍威尔(John Powell)

10.1 持续改进的方法

在基于风险的过程安全管理框架中，经验支柱是学习评估企业各个方面的失败和成功，并从中学习。每一次的成功或挫折都是组织学习的机会。无论是从积极的最佳实践学习，还是从错误中吸取教训，都需要确定哪些工作是行之有效的，以及如何确保将这个经验融入到管理实践和程序中去。在遇到挫折时，需要知道哪里出了问题，应该如何避免同样的错误。这可能是最困难的挑战。一个组织可能犯的最大的错误是错失这些机会。需要做些什么不同的事情来保持健康的危机感，即使我们已竭尽所能。

10.1.1 事故调查

工厂的过程安全管理框架应详述：事故报告、调查和跟踪行动，以创建一个从事件中学习和预防的工作流程。确保未遂事件的报告和调查工作受到重视，并定期向员工提供反馈，以鼓励员工汇报未遂事件。

- 建立存档和现有的行动项的跟踪系统。
- 分析历史事故的数据，物理或自然原因、直接原因和管理系统失效（根本原因）对于预防将来的事故是非常有用的。
- 正式的事故调查应该试图找出在事件发生前可能存在的预警信号。

10.1.2 考核和指标

关于过程安全指标的管理文件，通常用于评估设施的过程安全绩效，并给出绩效评估的实例。它可以描述审计报告方法以及如何追踪存在重大风险水平的工艺区域的持续改进。另外，过程安全的指标可以由员工安委会来管理。过程安全事故以及领先和滞后指标都应该被跟踪，并与公司员工（包括临时承包商）沟通。

10.1.3 外部事故

在这个世界，每个行业都发生事故。每当需要人与复杂的设备，或显著风险打交道时，就有发生错误的可能性。其中一些事件造成灾难性的事件，同时引起相关媒体的关注和公众的担心。工业贸易协会试图将事故的调查报告与成员公司沟通，帮助他们从其他成员中学习。通过数据库或发布报告向政府和个人提供其关注的发生在其他地方事故的详细情况。

一些工厂经理和员工中都倾向于忽视他人的经验，认为这些经验不会被用在这里。事实上，许多发生灾难性损失的工厂，都曾经有很好的职业安全记录，并认为自己相对安全。一个组织所犯的同样的错误，无论是同行业还是同类设备，都可能发生在你自己的组织中。你能够冒这个险吗？甚至大公司也没有经历过所有可能发生的事件，他们也不见得负担得起。利用一切机会，从其他人的错误中学习。

10.1.4 管理评审和持续改进

工厂的过程安全管理框架应该明确每个人在过程安全要素中特定活动的职责。管理评审应该是正式的，而且定期，有计划地进行。为了加强和维持对于这项活动的意识，管理层应该巡视工厂，并访问现场的工人。

持续改进的概念表示向前发展。做到这一点，需要一个可靠的参照点。否则过去的错误将会重复发生，取得的进展很小。应定期维护和审查公司的一系列档案，以确保组织能够持续地向前发展迈进。

引用著名过程安全专家特雷弗 . 克莱兹的一句话，“组织没有记忆力”。除非有一个积极的措施来避免遗忘，否则，即使是严重的事故也会重复发生。用一句简单的话来说，导致一个事故发生的事情，可能会造成另一起事故。

10.2 从经验中学习的预警信号

以下一些未能从经验中吸取教训的预警信号。

- 未能从以前的事故中学习。
- 经常发生泄漏或溢出。
- 工艺过程频繁波动或产品不合格。
- 承包商的较高事故率。
- 仪表异常的读数没有被记录或调查。

- 普遍和频繁的设备故障。
- 事故趋势报告只反映了受伤事件或重大事故。
- 未报告小事故。
- 未报告未遂事件和不合规情况。
- 停于表面的事故调查导致不正确的调查结果。
- 事故报告对于影响轻描淡写。
- 环保绩效不能符合法规或公司目标的要求。
- 事故的趋势和模式很明显，但是没有被很好跟踪或分析。
- 安全系统经常被激活。

事实上，许多预警信号是慢性的。它们经常被忽视，或者被认为是常态。过去可能重复尝试了不充分的努力或无效的修复，但是问题尚未解决。

10.2.1 未能从以前的事故中学习

未能吸取教训的一个常见证据是，操作往往重复同样的错误。你能够想象，如果一个行业经历了重大的灾难，在较短的时间内又再次发生类似的或有关联的事故？此预警信号表明过程安全管理可能需要一个彻底的升级。

在工厂内发生的每一个过程安全事故至少有一个相关联的原因。这些原因精确地组合在一起，导致了事故。除非这些原因被系统地分析，并明确了后续行动，否则，就存在事故再次发生的可能。事实上，在略有不同的环境下，事故的后果可能会更严重。过程安全的差距和缺陷有时很难被识别，甚至更难去纠正。重大事故提供了一个探索根本原因并采取行动的机会。它也是一个从根本上改变一个工厂或公司文化的机会。如果这个机会被错过，没有什么会真正改变，运营将仍然容易出现重复的损失。如果这个预警信号在你的工厂出现，考虑以下这些问题。

- 你的组织是否定期重新评估整个过程安全系统来发现改进机会？
- 所有从事故调查中发现的重要的学习机会，是否与工人共同回顾，并且把这些整合到公司的培训中？
- 对于重大事故和相关的教训是否有书面的存档？
- 是否有培训机制以加强工厂的过程安全理念和实践的理解？

10.2.2 经常发生泄漏或溢出

如果经常发生泄漏、溢出或导致轻微火灾（甚至阴燃事件），则表明安全和控制的方式处置危险材料的首要目标尚未达到。管控措施已经失效。小的泄漏，溢出，或火灾往往只造成轻微的后果。当这些事件重复发生时，工人就会开始失去危机感。此外，这种情况会被当成常态，只要没有人员受伤，泄漏和火灾被认为是正常的。在这种环境下，工人和管理层会开始容忍日益严重的泄漏，溢出和火灾。在某些情形下，诸如腐蚀性液体或蒸汽等物料的泄漏会降低周围设备的完整性，造成意外的设备失效。最终，会导致重大的泄漏或者火灾。泄漏，溢出和轻微火灾的频繁发生可能包含了以下的一些具体信号。

- 没有跟踪微小事件，没有做小事件的趋势分析（这意味着，甚至不知道这类事件是否正在发生）。
- 跟踪已发生的事件只是表明这样的事件正在发生，但是未采取任何行动。
- 已知存在轻微泄漏或溢出，但是没有及时地解决或修复。
- 到处有泄漏和溢流发生过的痕迹，诸如在漏点的污渍或腐蚀。
- 初始阶段的火灾（指的是一个人使用手提式灭火器或水管可轻易扑灭的火灾）发生，但被视为操作中必然出现的一部分。
- 因小泄漏而进行的临时维修被留作长期使用。

如果上述现象经常发生，考虑以下问题。

- 是否有一个可靠的事故跟踪、趋势分析和调查程序来捕捉较小的事故？
- 趋势分析报告是否被评审并且采取行动？
- 与泄漏或溢流有关的事故调查，是否被放在一起分析来发现共同的原因？
- 是否评估了建议项及其实施计划？
- 是否分配资源以确定薄弱处，以减少围堵失效的事故？

10.2.3 工艺过程频繁波动或产品不合格

保持一个工艺在其安全的操作范围内运行是掌握操作、维护和工程的一个标志。如果操作人员经常需要对工艺异常作出响应（包括滋扰警报），如果工艺数据显示工艺经常在正常限值区间外运行或不合格的产品经常出现，则该工艺就没有在可控的一致的方式下运行和维护。这种情况是“偏差正常化”的一种形式。它也可能代表工艺设计不足。这些预警信号可能造成以下情形：

- 操作人员变得习惯于对工艺异常做出响应，他们不再视之为潜在的安全事件，也不会及时做出响应。最终，一个异常可能会超出安全限值，但是操作人员可能没有意识到也没有适当地响应；
- 不合格产品的出现可能是因为上游的设计或操作问题。如果这些问题不被纠正可能造成潜在安全后果；
- 如果操作人员经常经受滋扰报警的干扰，他们可能会以同样方式处理更关键的报警。

如果频繁地工艺波动或产生不合格产品。

- 是否分析和跟踪工艺波动（或报警）？纠正措施是否增加了频率？
- 工艺波动是否被当做一个事故（或未遂事件）并进行调查？
- 潜在的滋扰报警数量是否已降至最低？
- 产品的质量事件是否被跟踪和调查，以确定根本原因？

10.2.4 承包商的较高事故率

承包上较高的事故率可能预示以下六个方面有问题：

- 承包商的选择；
- 是否有适当技能的承包商工人；
- 承包商的培训；
- 承包商较高的流失率；
- 承包商的安全审核；
- 承包商绩效的评估；
- 承包商的监督。

承包商经常密切参与涉及危险化学品工艺过程的运行和维护中。出现这种预警信号可能表明你的承包商不了解危害、不熟悉程序、不能鉴别哪些是安全的关键点，或者忽视对其工人的监督和管理。在处置危险化学品或工艺时，任何这些问题都容易升级到潜在的灾难性事故的成熟条件。

如果这个预警信号在你的工厂中出现，考虑以下一些问题。

- 这个工厂是否有承包商管理程序？
- 你们是否评估承包商的事故报告的完整性，然后识别出那些需要重新设计或再次强调的区域？
- 是否重新审视你们承包商的培训或意识提升的工具并提出以下一些问题：
  - 承包商需要知道什么？
  - 我们怎样告知他们相关危害？
  - 什么能够推动承包商安全地完成他们的职责？
  - 我们的承包商安全管理程序与这些承包商工作的其他公司比较起来怎样？

10.2.5 仪表异常的读数没有被记录或调查

如果仪表不能正确读数，没有被记录或处理，这时一个严重的问题正在发生，可能导致人员自满，无法分析迫在眉睫的应急情况，人为错误，和潜在灾难。

在基于风险的优先级上处理每个实例，并确定失效原因。行动项应侧重于整个工厂的预防。如果在你的工厂出现此预警信号，请考虑以下问题。

- 你询问过在你的工厂中那些超出正常范围或异常读数吗？
- 仪表是否正常报告，或是否有缺陷？某些不正常的读数可能预示着工艺条件的恶化。不合格或有缺陷的计量表、视镜和仪表是不可接受的吗？
- 操作人员是否更加倾向于默认或抑制报警，而不响应或旁路仪表或提交一份工作单要求调查或修理仪表？

- 是否建立了清晰的准则，怎样进行仪表故障问题的调查？
- 是否分配必要的资源去解决那些重复性的、由异常读数导致的波动工况？
- 对于控制系统或报警的设置点是否有访问控制？

10.2.6　普遍和频繁的设备故障

重复性的设备失效发生的趋势表明管理系统在处理设备完整性方面存在缺陷。这些失效的范围可能从看似轻微到相对重大的。可能包括以下一些例子：

- 频繁的垫圈泄漏或失效；
- 频繁的阀门填料或泵的密封泄漏或失效；
- 泵或马达需要频繁的维修；
- 设备（如空气压缩机）时常无法正常运转；
- 管道或设备的支撑结构遭到破坏或有明显的腐蚀。

这个警示标识明确地增加了发生灾难性事故的可能性。如果存在于你的工厂，考虑以下问题：

- 设备的失效是否被正式地调查？
- 设备的完整性是否仅限于设备的选型，还是涉及设备的操作和维护？
- 是否有专业人士，或者建立并实施一个可靠的设备完整性项目？

10.2.7　事故趋势报告只反映了受伤事件或重大事故

如果非受伤的事故或未遂事件未包括在工厂定期的事故趋势分析报告中，则表明该组织只关注事故的一小部分，许多可能与工艺流程无关，而不会在灾难性事故金字塔的底部寻找领先指标。如果只关注受伤和其他滞后指标，那么组织正在回避着眼于那些可能预防事故的数据，或防止灾难性工艺事件的数据。如果这个预警信号出现，考虑以下问题：

- 我们是否定义了与安全决策相关的所有有用数据，管理层可以依据它们来做决策？
- 即使没有发生严重后果，我们是否对于工艺波动或激活安全系统进行跟踪和趋势分析？

10.2.8　未报告小事故

无论是由于害怕报复，态度恶劣，缺乏激励，还是时间限制，如果员工感觉到管理层接受不上报事故，就有问题。整个工厂的操作纪律处于较低的水平。工人感觉到管理层并不关心安全，尽管到处张贴的海报在强调安全。不报告事故应是一个可追溯的工作表现问题。组织在各个层面都应该支持采取行动。当出现这个预警信号，组织可能没有或是根本没有能力识别学习机会，采取关键的行动防止相同的事故再次发生。如果这个预警信号被识别，考虑以下问题。

- 你们是否存在系统来鼓励事故汇报？
- 工厂内员工是否都被培训并知道报告某些类型小事故的重要性？
- 你的工厂如何快速有效地响应事故或安全缺陷的报告？没有什么比员工看到管理层对报告事故没兴趣或者无响应，更快地减少事故报告了。

10.2.9 未报告未遂事件和不合规情况

此预警信号能够揭示组织的文化问题。当员工不报告明显的物质危害，泄漏或未遂事件，安全管理就失去了部分关键数据。如果你的工厂存在此预警信号，请考虑下列问题。

- 你是否已确定需要建立更加的做法，以鼓励未遂事件和事故的报告？
- 员工是否接受过关于未遂事件报告的培训？

10.2.10 停于表面的事故调查导致不正确的调查结果

在当今资源有限的世界里，工厂容易陷入只做停于表面的事件调查的坏习惯，也会产生很无用的或不恰当的发现和整改行动。这也可能是因为在一个过程安全文化薄弱的组织内部推动调查太多的事故导致的。无论何种原因，组织没有达到确定根本原因和制定有效整改行动的目标。下列是此预警信号的证据：

- 根本原因没有被确定，只触及事故的表面现象；
- 根本原因常常被识别为设备失效，但是没有提到根本的原因，为什么设备失效（譬如安装不当，规格不合适，维护或检查不充分，或其他细节）；
- 根本原因避免将管理系统问题确定为原因，而将重点放在员工错误或设备故障上，尽管这些都是造成事故的原因；
- 事故调查的行动项都是狭隘地集中在一起，仅限于处理几个特定的设备或工艺中的特定步骤；
- 行动项仅实施在受影响的特定设备或单元。不考虑工厂其他单元或同类设备的适用性；
- 行动计划太笼统，比如改进培训，遵守程序，改进维护；
- 不同事故的行动计划都很类似。譬如，重复地使用改进培训或提供更多的培训；
- 管理层关注并且监控事故调查的数量，但是不监控事故调查的质量。

如果出现此预警信号，则意味着我们没有采取必要的关键行动来防止事故的再次发生。因此，事故可能再次发生。更令人担忧的是，类似的可预防事故造成了更加严重的后果。当出现此预警信号时，请考虑以下问题：

- 你们是否定期地评估工厂事故调查程序的有效性？

- 工厂的程序中，是否要求定期评估事故调查的质量和彻底性？将这些缺陷报告给管理层可能有助于督促推动工艺改进的整改行动。
- 程序中是否清晰地说明事故应该被怎样调查，是否要求识别出根本原因？
- 在员工加入事故调查小组之前是否对他们进行了事故调查技术的培训（或培训中的内容包括这些）？
- 你们是否审核以前进行的调查以了解哪里存在缺陷？匆忙的调查，以恢复生产或避免面对痛苦的另一个提醒：我们一个文化问题——系统没有起作用。

10.2.11 事故报告对于影响轻描淡写

事故报告中必须包括识别并且记录过程安全事故的后果。此外，执行系统的事故调查小组的组长要确保要记录所有可能是灾难性事故先兆的事故。

注意存在这个预警信号或未报告小事故，未报告未遂事件和不合规情况，停于表面的事故调查导致不正确的调查结果非常令人不安。这表明组织本质上是不能够识别过程安全问题的。

- 您是否为参与事故调查小组的员工提供培训，让他们特别关注任何被归为过程安全事故的事件？
- 您如何清楚地沟通原因和潜在的后果？
- 您的工厂一线管理人员或班长是否觉得编写一份反映他们工作团队不足之处的报告会对他们的团队产生不利的影响？
- 您的工厂一线管理人员或班长是否会对编写一份他们认为不会付诸行动的报告产生犹豫？
- 环境、健康和安全部门或领导团队是否将沟通级别提升到可以启动有效的纠正措施？
- 您是否已评估过去三至五年的事故趋势？这个评估练习会很具有启发性。
- 您的调查小组是否公正，没有偏见？

10.2.12 环保绩效不能符合法规或公司目标的要求

良好的环保绩效直接能反映优良的运行管理。尽管通常环境管理不在过程安全管理之中，环境事故经常是由于围堵失效。CCPS的商业案例断定，管理过程安全采取的行动会直接使商业和环保受益。相反地，如果运行或设施不能达到它的环保承诺（不论是公司的目标或当地法规要求），很难理解其在工艺领域能做得更好。过程安全要求100%地承诺预防围堵失效。任何薄弱点的暴露都意味着可能发生过程安全事故。

这个预警信号表明有对于标准的承诺，但是没有相关资源去执行需要的工程和运行变更。如果工厂的运行资质取决于符合特定的排放限值，重复性的违规是非常严重的。工厂的文化是否会成为一个问题？这会是一个简单的问题，是否安装必要的设备和控制？

- 环保绩效是否清楚地要求对事故进行调查？
- 你的组织是否分配必要的资源去解决重复性的超标问题？

10.2.13 事故的趋势和模式很明显，但是没有被很好地跟踪或分析

当一个组织花了力气去收集事故数据，然后不分析它以找出未来问题的迹象，这个预警信号就存在了。它是对人力资源和资本的浪费，没有通过分析去揭示可能潜在的主要指标。这也表明工厂内缺乏意识，不知道工厂内真正发生了什么？更重要的是，不分析趋势，表明该组织并不完全理解失效预防机制，也不认为它们在监督和管理层面上是重要的。很少发生直接的事故。大多数事故发生之前，通过分析很容易识别可见的指标和趋势。通常趋势是建立新基准的第一步。反之意味着偏离正常化。如果没有趋势分析，组织就不能确定优先级或做出合理的商业决策。如果您的工厂出现此预警信号，请考虑以下问题：

- 是否设立了一系列的指标来衡量和分析一段时间内绩效？
- 你们怎样将事故趋势分析纳入管理层的定期工作中？
- 您是否确定可能与事件趋势相符的物理的、程序和组织变更，并确定这些变更是否与事故发生有关？

10.2.14 安全系统经常被激活

安全系统（诸如，安全仪表系统、机械停车系统和压力泄放系统）是关键的安全措施。这些设施通常是预防释放有毒、反应性、易燃或爆炸性化学品的最后一道防线。因此，他们是预防灾难性事故的重要屏障。激活这些系统包括过多的报警，可能预示着工艺明显地运行在正常限值之外，可能达到或超出安全限值。但是在一些工厂中，激活这些安全系统被视为正常操作的一部分（也就是，他们认为它做了它该做的事情）而不是一个事故。这是一个过程安全文化问题。频繁地激活这些安全系统，可能表明出现了偏差正常化。这种情况应立即调查，以确定激活的原因。

一些工厂将安全系统受到的挑战作为一个领先指标来衡量过程安全绩效。如果管理层或工人不把安全装置的激活作为一个安全事故，那么任何人都不可能注意到激活频率的上升趋势。此外，没有人会调查这些事件和制定纠正措施。这些事件的原因始终未被识别。这代表偏差的常态化，并可能导致接受这些可能不安全的行为和操作条件作为常态。

当这个预警信号很明显时，表明设施可能在安全水平之外运行和超出了设备

能力。请考虑以下问题：

- 你的工厂是否定义了哪些安全系统的激活是需要进行事故调查的？
- 我们是否强调必须跟踪安全系统的激活，以防止第一层围堵失效，并要求对此类事件进行调查？
- 我们是否与工人沟通，这些安全系统被激活是工艺偏离了正常状态，甚至可能超出了安全操作限值？

10.3 案例分析　美国的哥伦比亚号航天飞机事故

在 2003 年 2 月，美国的哥伦比亚号航天飞机在返回地球大气层时解体，7 位机组人员全部遇难。

哥伦比亚号的失事是在发射 81 秒之后，在外部极端的发射力量下公文包大小的一片绝热泡沫从航天飞机外部燃料箱（主要的推进燃料箱）上脱落。脱落的碎片击中哥伦比亚号左翼前缘，损坏了航天飞机热防护系统。任务继续，但是在 16 天后，航天飞机重返大气层时，以悲剧收场。

NASA 最初的航天飞机设计参数规定，外储箱不会脱落泡沫或其他碎片。在航天器上的潜在撞击是一个安全问题，需要在通过发射之前解决。工程师在查看到泡沫脱落和碎片撞击，认为是不可避免的而且无法解决的，并且认为这个不会威胁到安全或是可以接受的风险，工程师下达了发射之前的“放行”的指令。多数的航天器发射记录中存在这样的泡沫撞击和绝热陶瓷片的伤痕。在 STS-107 再入的阶段，高温气体穿透损伤部位并迅速地摧毁了内部机翼结构，导致航天飞机在空中解体。

STS-107 任务是第 113 次航天飞机发射，曾在两年内被推迟 18 次。其原定发射日期为 2001 年 1 月 11 日，实际发射日期为 2003 年 1 月 16 日。在 2002 年 7 月 19 日前的一个月前，航天飞机因推进剂管线裂缝推迟发射。事故发生 6 个月后，哥伦比亚号事故调查委员会认为该推迟与此次灾难无关。

哥伦比亚号事故调查委员会的建议书指出了若干技术和管理问题。已经确定绝缘泡沫的脱落，造成对于关键飞行翼的撞击。但是这个事故暴露的管理问题要复杂得多。

其中包括偏离常态化，拒绝危机感，忽视安全人员的意见，危害识别和风险评估的实施缺乏一致性、结构化，并且恐吓工人造成沟通中断。

哥伦比亚事故在导致机翼事件的一连串事件方面是比较独特的一个案例。然而，管理系统的失败与其他重大事故非常相似，特别是 1986 年发生的另一起重大事故——挑战者号事故和 1967 年 1 月的阿波罗一号事故：那场造成 3 名宇航员死亡的火灾。披露的调查报告有这样一段话“在我们看来，NASA（美国家航空航天局）组织文化与这起事故的关联像泡沫一样多”。一位著名的过程安全专家安德鲁．霍普金斯（Andrew Hopkins）教授这样评论这个事故，“这些决定”不是由最有能力的工程师来做出，而是由NASA的高级官员所为，他们受到NASA的官僚组织结构的保护，在争论中提出的行动是否明智。

在这个事故发生两年之前，已经明显出现了质量和可靠性的问题。泡沫的脱落和碎片已经是常见的事件，似乎是不可避免的。在最初，尽管这个问题被当做一个可能会推迟发射的安全问题，但是每一次的成功发射都使对这些问题的容忍度提高。安全的关注点好像转移到推进分配系统因为之前曾经发生过破裂。

航天飞机计划一直被当做一个生意来运行，必须与其他项目竞争以获得联邦政府提供的资金。NASA的官员将重点放在每一次的发射成功，却忽视技术人员察觉到越来越明显的危害和风险。技术人员非常担忧重复发生事故的影响，但无法将这些问题传达给决策者。在这种情况下，管理层往往只会听他们想听的东西。再次，将偏差当作常态的他们相信，“我们无可非议，我们无懈可击。”

哥伦比亚事故非常令人遗憾。如果1986年“挑战者”号关于系统问题的事故建议被采纳，那么就可以避免“哥伦比亚”号事故的发生。事故预防不是一个很复杂的行动。就看看你们最近一次的事故就会获得大量收获和改进。如果管理层能与计划负责的员工进行有效对话，很可能就意识到真正的风险，并采取行动。以NASA先前的经验结果，你还能提出哪些改进措施？

【练习】 在这次事故前已经暴露的预警信号，有以下几项。

- 生产目标与安全目标之间的冲突。
- 事故报告对于影响轻描淡写。
- 没有从以前的事故中学习。

你能识别出其他的预警信号吗？

第 11 章

物理的预警信号

人性的另一个弱点就是：每个人只想建立，
没有人愿意去维修。
——小科特·冯内古特(Kurt Vonnegut，Jr.)

11.1 每一天都至关重要，日常事务关系着安全

物理的预警信号往往是有形的，肉眼看得见的。但是我们有时只看到我们期望看到的东西。现场工人应该要持续地警惕那些早期的失效征兆。如果那些失效征兆被当成运行中的常态，那么就很难注意到它了。这个章节与 CCPS 的另一本概念书籍《危害辨识实用方法》有密切联系。在这本书的最后，强调了寻找系统失效的重要性。对于许多工人来说，本章节的内容比之前章节的内容，更加容易理解。

出现这些物理的预警信号暗示着，接受度已经降到很低的水平，这表明偏差已经被当做常态。有些物理的预警信号非常简单，譬如：现场内务整洁。而另一些可能是重大的问题。减少物理的预警信号的第一步显而易见，必须先注意到它。而且，我们的直觉是，这个不对。

如果看起来不安全，很可能就是!

应该对于这些物理的预警信号进行优先排序，以便一旦发现就能够快速地跟进。

11.2 物理的预警信号

下面是一些显而易见的物理的预警信号。在你下次巡检工厂的时候，练习着去寻找它。你也可以根据你们的工艺过程定制这个清单。

- 工人或社区抱怨有异常气味。

- 设备或支撑结构有物理损坏。
- 设备的振动超出了可接受的程度。
- 明显的泄漏或溢出。
- 在建筑物内和平台上有粉尘堆积。
- 劳保用品的使用不正确，或不一致。
- 安全设备缺失，或有缺陷。
- 厂内的车辆行驶未加控制。
- 存在开放的，并且未加控制的点火源。
- 项目用的拖车靠近工艺装置。
- 下水道和排淋系统堵塞。
- 管理层和工人可以接受很差的现场内务清洁。
- 永久和临时的工作平台没有保护或监管。
- 打开的电气柜或电线护管。
- 在工艺建筑的内墙和天花板上出现冷凝水。
- 螺丝松动，设备的一些部件没有固定好。

11.2.1 工人或社区抱怨有异常气味

工厂得到运行许可，应该是基于对于气、水和废物排放的严格控制。每当出现异常气味（或众所周知不能被检测出的气味），这表明可能出现了泄漏，或设备失效。围堵失效可能造成火灾，爆炸或有毒物质释放。

- 你是否使用适当的检测设备或技术，系统地识别气味的源头？
- 如果需要，你们是否展开事故调查？
- 组织是否有效地执行行动计划，来整改每一个问题（不论是泄漏，电气故障，或摩擦部分的损坏），评估这些响应，以改进工程或行政控制手段，预防再次发生类似的失效？

11.2.2 设备或支撑结构有物理损坏

物理损坏就代表着存在弱点。不论是怎样的原因，有损伤的设备或支撑结构可能不适合使用，而且更容易有进一步的失效。这样的设备没有被拆除或维修就是一件让人担心的事。当永久设备（例如：泵，容器，管道和管道支撑件）出现明显的结构损伤或磨损，就需要立即的响应。这些响应可能包括：安装临时的屏障，分析和报告，增加检查的频率，或单元停车立即维修。不论怎样，需要分析这个风险，并且响应。设备损伤能够导致泄漏，最终发生火灾、爆炸或有毒物质泄漏。由于锈蚀或腐蚀等，造成的栏杆或其他安全构件的结构性损伤，能够导致死亡事故。

- 这个问题是否被识别?
- 是否展开适当的事故调查?
- 如果是，是否采取行动来整改缺陷，评估这些响应，以改进工程或行政控制手段，以预防再次发生类似的失效?
- 组织是否简单地忘记了结构部件不是专门为失准或偏差价而设计的，在大多数情况下，应该迅速作出响应?
- 人员是否接受到危害识别的培训和复训?这些培训是否由一个有经验的人员带领着巡视工厂，或者培训材料上有图片显示设备的正常状态。
- 是否对工厂内相关的，和类似的工艺做检查，查看是否存在类似的损伤?

11.2.3 设备的振动超出可接受的程度

当转动设备或结构性设备有过度的振动时，就表明设备在受力。设备设计时，会规定可接受的振动范围。对于高速转动的设备，通常允许误差很小，甚至是看上去非常小的不平衡都会导致严重的损坏。振动通常是由流动或相转变的过程造成的。振动能够损伤设备或管道，甚至使焊接点脱开。这就会造成泄漏，最终导致火灾、爆炸或有毒物泄漏。

- 你的组织是否有技能识别不正常的振动，并找出振动的原因?
- 对这些不正常状态，是否进行事故调查?
- 工厂是否采取行动来整改缺陷，评估这些响应，以改进工程或行政控制手段，预防再次发生类似的失效?
- 工厂是否有一个预测性维护计划，来对关键设备做永久的振动监测?

11.2.4 明显的泄漏或溢出

仅仅是经过这个工艺区域，就能够看到这种预警信号的存在。如果在工厂设备周围，或暂存区，看到明显的泄漏物或泄漏痕迹，或者吸收过泄漏物的材料还在那里，这可能反映了组织已经把这种偏差当作常态。油漆脱落，鼓泡或出乎意料的锈蚀表明有腐蚀性材料，或溶剂的泄漏。

普遍发生的泄漏和溢出，显示管理系统在以下五个方面可能有问题。

- 安全（人员或工艺）。由于潜在地暴露于这些物料。
- 环保。如果材料是被法规监管的，却允许系统一开始就在泄漏。
- 质量指标。
- 维护。由于没有正确地维护设备，或保管材料。
- 经济。产品损失或者返工，由此产生的清理费用，这些都会对成本有影响。

这可能是一个文化问题，已经把偏差当作常态。从源头解决问题，问以下一些问题。

- 你的组织是否识别出泄漏或溢出的具体原因？
- 需要的话，你们是否展开事故调查？
- 工厂是否采取行动来整改缺陷，评估这些响应，以改进工程或行政控制手段，以预防再次发生类似的失效？

11.2.5 在建筑物内的平面上有粉尘堆积

由于切割、研磨或物料传输，可能在工厂内形成粉尘堆积。堆积的粉尘是一个重大的爆炸或火灾危害。对于某些工艺，工程的解决方案是必要的。过度的粉尘堆积可能使工厂存在粉尘爆炸的风险。事实上，基于之前发生的重大粉尘爆炸事故，过度的粉尘堆积，可能是没有识别出危害，或没有有效的管理。要知道，粉尘本身可能不是一些直接危害。通常需要一个引火源和初始的扰动来搅动粉尘，形成一个能够支持爆炸的粉尘云。因为这些引发事件很少发生，许多设施尽管有很严重的粉尘堆积在建筑物内，但没有发生过次生爆炸。

任何粉末状的材料堆积在设备、工作台、工作场所或者建筑的支撑结构上，都是一个现场清洁的问题。对于某些工艺，由于材料的特性，我们可能需要工程解决方法。美国化学品安全委员会早在2006年就发布了针对工业粉尘爆炸的一份彻底的研究报告。他们的研究表明从1985年至2005年，在美国各种行业中，就有281起报道的粉尘火灾或爆炸。这些事故造成119人死亡，718人受伤。粉尘爆炸协会有一份新的研究报告，在2008年美国就有超过200起的粉尘火灾和爆炸事故。基本的现场整洁行为将会极大地减少粉尘爆炸的风险。

- 工厂有没有建立针对控制粉尘，现场整洁标准？
- 是否利用组织的人力资源系统，来监控遵守这些政策的情况，并纠正不安全行为？
- 你的公司是否识别出导致粉尘堆积的具体原因？
- 你们是否正确地展开事故调查？
- 工厂是否采取行动来整改缺陷，评估这些响应，以改进工程或行政控制手段，以预防再次发生类似的失效？

甚至观察到一处粉尘堆积，都是一个非常重大的预警信号。这种预警信号的出现，往往表明已经接受了这种偏差。这也暗示着操作缺乏风险意识。如果你看到过度的粉尘堆积，问以下三个问题。

- 这个工厂是否意识到粉尘危害，是否在指定实验室测试过粉尘的爆炸性？
- 管理层是否知道存在爆炸的潜在风险，如果是的话，采取了什么行动来控制这个风险？
- 为什么会这样？是否在这些区域没有明确的划分责任？

甚至在粉尘爆炸不是很重要的场合，粉尘的堆积对于运行来说，也暗示着有严重问题。在粉尘堆积严重的区域，读仪表和检查设备会很困难。粉尘能刺激眼睛，鼻子和喉咙的黏膜，影响人的健康。粉尘可以进入设备的密封，影响摩擦，造成擦伤，过早地使设备失效。

11.2.6　劳保用品使用不正确，或不一致

每一个工厂都有两类劳防用品。有一类劳防用品，工人时刻都须穿戴，譬如保护鞋、眼部保护、听力保护、安全帽，以及可能需要的防火服。还有另一类，在一些特殊任务时才需要的劳防用品，譬如安全带、呼吸保护、化学品防护服、电火花防护和专用的手套，所有这些都是在通用的劳防用品以外，在特殊情况下工人可能需要使用的。如果员工或承包商没有充分的劳防用品的保护，这就是一个预警信号。它也可能是培训不足够，监督不利，或较差的安全文化。

- 你们是否定期地讨论现场的安全做法，包括所有类型的劳防用品？
- 你们是否做过危害评估，来确定在不同区域和任务中使用的劳防用品的类型？
- 你们怎样利用组织的人力资源系统，来监控这些政策的执行情况，并纠正不安全行为？

11.2.7　安全设备缺失，或有缺陷

安全设备包括个人劳防用品，手提式灭火器，喷淋灭火系统，火警监测，自给式呼吸保护面具，或其他按照安全政策所需要的特殊设备。因为个人劳防用品是最后一道防线，损坏或错放的个人劳防用品是一个重大的危害。应急响应设备是防止灾难性事故的一个重要的屏障。

- 你的工厂是否定期地讨论，关于管理各种安全设备存放、目录和检查的做法和程序？
- 你们是否认为，应急设备应该在任何时刻都可以使用，如果不是这样，是否现场有同等的替代？
- 你们是否会因为泄漏将消防水管道关闭较长时间（大于1天）？

11.2.8　厂内的车辆行驶未加控制

在运行的工厂内，车辆和人员的交通必须时刻被控制。车辆或大型的施工设备，能够碰撞到敏感的工艺设备，包括架空管道和管廊。这些设备所造成的振动和噪声，能够干扰仪表。交通堵塞能妨碍应急车辆的进入。通常，普通车辆的驾车人员不了解过程的危害。车辆的行驶速度是一个风险因素，应该被控制。车辆发动的引擎是一个潜在的点火源，在可燃物可能存在的区域，应该控制车辆

进入。

在工艺区域内，行人也必须被控制。除非是被允许的人员（工厂的操作人员），其他人员进入必须经过授权。

- 你的工厂是否有交通控制？
- 在你的工厂中那些存在有害材料的区域，是否在入口处悬挂限制车辆进入的标志？
- 在某些区域，是否对于超出一定尺寸或载重的车辆禁止进入？
- 在架空管廊上是否清楚地悬挂着限制高度？

11.2.9 存在开放的，并且未加控制的点火源

如果存在违章吸烟、不受限制的车辆进入、被损坏的过程设备或没有很好地执行动火作业许可证制度，这些都是不受控制点火源的预警信号。以前发生的许多灾难性事故，都是与这些预警信号有关。在可燃材料存在的区域，如果出现点火源，能够导致爆炸。

- 你的工厂是否定期地讨论现场安全管理行为，比如管理工艺单元的进入，动火作业和吸烟政策？
- 是否车辆未经许可，就进入被分类区域？
- 你们监控生产区域的做法好吗？是否能够确定有新的，未受控的点火源？

11.2.10 项目用的拖车靠近工艺装置

最近发生的灾难性事故，强调了设施选址的重要性。这对于临时设施尤其重要。如果大修，或扩建项目需要使用拖车，进行设施选址研究来确保拖车在高风险，或主要化学品泄漏路径以外的区域。

- 你的工厂是否有政策或程序，禁止在靠近有害过程设施的附近搭建或使用项目拖车？
- 在设施选址程序中，是否有条款针对临时设施？
- 是否做现场检查，来确定临时设施是否符合设施选址的标准。

11.2.11 下水道和排淋堵塞

除了生产的产品，工厂也要管理过程中经常产生的废料。下水系统堵塞，会阻碍将液体废物和副产品从工艺过程中安全地去除，可能会有意想不到的泄漏。一块区域淹水，可能会形成可燃物的堆积，最终导致池火。这个预警信号暗示，忽视了最基本的维护和现场清洁。你们是否经常检查工艺区域，确定下水系统是否运行正常？

- 现场是否有控制方法，当发现堵塞能够立即疏通？

- 是否有措施来应对，局部的淹水和下水管道的溢流？

11.2.12 管理层和工人可以接受很差的现场内务清洁

不论是在控制室的控制台，在休息区，或者在厂区以外，很差的现场清洁是一个非常重要的预警信号和安全文化的失败。通过一次的清理运动很难彻底改变很差的现场清洁。差的现场清洁是一个将偏差作为常态的安全文化早期征兆。糟糕的现场清洁也会导致责任归属区不清楚。这些会成为一个安全文化问题。

- 工厂内是否有对于现场各个区域定期检查的计划，来监控现场的清洁表现？
- 是否使工厂的所有员工都参与到检查和清洁活动中来？

11.2.13 永久的和临时的工作平台没有保护或监管

你可能在工厂内临时脚手架上，或者在永久设施上看到这种预警信号。至少，工厂应该符合当地安全法规的要求。忽视这些基本的，显而易见的防坠落的方式，意味着会有更深层的被忽视的问题。

- 该组织如何让各级员工参与研究，以发现并记录不合标准的平台栏杆和门？
- 你的组织怎样识别不合标准的情况，并且立即维修？
- 你的工厂内是否有计划，定期检查那些永久的设施？

11.2.14 打开的电器柜或电线护管

由于存在有害化学品，电器柜是被设计成在封闭的环境中使用的，必须保持关闭。如果有害化学品聚积，电器柜内的部件能作为一个点火源，就会导致爆炸。电器柜门打开，特别是在有害环境中，这表明很差的过程安全与现场整洁的文化。如果电器柜的插销或密封圈有缺陷，应该立即维修。有时存在这种问题，暗示着一种“运行到出现故障”的心态。这也可能是由于维修人员缺乏，或维修部没有配备充足的资源造成。

- 是否在关键区域做检查，确保电器柜和电线护管都处于良好的状态？
- 你们是否立即维修那些不合要求的电器柜和电线护管？而且培训员工，使他们意识到保持电器部件时刻处于良好工作状态的重要性？

11.2.15 在工艺建筑的内墙和天花板上出现冷凝水

在被遮盖的工艺区域，或者其他存在通风的工作区域发现这种情况，表明空调通风系统不足够，或效率不足，或者工人将门长时间打开。冷凝问题对于有些工艺并不重要。但是对一些工艺可能造成产品污染，或腐蚀问题，或空气质量变化。在较冷的气候中或者有冷冻系统运行，这可能表明防潮保温不好。

在空气流通较好的建筑内，冷凝问题很少发生。电气分区内通常取决于装置在单位时间内的换气次数。当这种条件不能满足，这个区域就可能违反了电气分区。对于这种情况冷凝问题，就是一个预警信号。

- 你们的建筑物内是否有冷凝，这样的事故是否被彻底调查，并且整改？
- 是否评估过工程和行政控制保护层来预防工作区域的冷凝？
- 你的工厂对于不合要求的情况，是否及时采取相应的措施来改正？

11.2.16 螺丝松动，设备的一些部件没有固定好

正如其他一些预警信号所描述的那样，如果仅仅是经过设备，就发现螺丝松动，缺少丝堵或者设备被没有被固定好，这就表明，机械完整性不是优先考虑的事。个别设备的松动可能不是一个迫在眉睫的问题，或者只是涉及低风险的设备。然而，隐含的问题是，还有多少其他的设备处于这种状态？螺丝或设备松动，可能直接对于人员有危害，也可能造成大规模的事故。松动的设备可以导致围堵失效，最终造成火灾、爆炸或有毒物质泄漏。当一个部件在压力下脱离，它可能被弹射出去。这会造成人员受伤，或损坏敏感设备。松动的设备既是一个事故的物理起因，也是薄弱安全文化的征兆。没有识别这种状态可以造成灾难性的事故。

当安装设备时，好的做法是，要求检查确定它是安全和可靠的。这个步骤要求所有部件都安全。这包括管道和设备的支撑结构。在运行一段时间后，由于压力或振动，设备可能会松动。运行团队有责任定期检查所有的设备是密封的，没有泄漏或者失效。设备松动普遍地出现，说明工厂的运行中，管理归属权不清楚。此外，如果肉眼都可以看到松动的设备，我们将产生疑问，没有看到的设备是否安全。这样的缺陷是无声的警示，这种失效能够导致严重的后果。

在工厂中出现松动的螺丝和设备，意味着若干管理系统有薄弱点，包括过程安全文化，操作规程，设施完整性和可靠性（维修），开车前安全检查和操作执行。

- 在开车前安全检查中，是否检查设备是否松动，或不合适的设备部件？
- 是否定期检测运行设备，来确保它们是密封的？安全的？
- 当你们发现不合标准的状态，是否及时维修？
- 在你们的开车前安全检查，和其他的检查表中，是否包括检查插销、格栅和其他部件是否能正常使用？

11.3 案例分析 美国树脂工厂的粉尘爆炸

在2003年，美国南部CTA的音响制造工厂发生一起爆炸或火灾事故，事

故损毁了工厂的大部分。事故中有 7 名工人死亡，另有 27 人受伤。为了预防更大的伤害，附近一些社区被疏散。这家工厂为汽车和其他工业客户生产玻纤的音响隔音板。

这家工厂建于 1972 年，最初生产纤维棉和酚醛树脂的隔热隔音材料。在 1990 年，进行技术革新，纤维棉被玻璃纤维替代。这个工艺改变在 2001 年完成。发生事故时，几条类似的生产线正在生产隔音板。这些生产线之间距离很近。使用三种原材料——玻璃纤维，酚醛树脂粉末和饰面来制造隔音板。主要的生产设备包括原料喂料器，分离和混合器，固化炉，和修边机，所有这些设备由滚道输送机连起来。在生产线之间的空地堆放着半固化的隔音板。

以下的建筑结构细节与这次事故有关。工艺设备是在一个钢结构建筑内，建筑内有立柱和横梁。外部幕墙是不承重的预制金属板，固定在支撑结构上。建筑的屋顶是水平的，由金属板制成，上面覆盖着有防雨层，由金属托梁支撑，金属托梁固定在横梁上。

根据产品规格，在不同的生产线使用不同品种的酚醛树脂粉末。尽管现场有一个袋式除尘器来去除工艺过程中产生的粉尘，现场的工艺设备上，建筑的横梁和面板上堆积着大量的粉尘。生产依旧进行。

在发生事故的当天，干燥炉的一个温控装置发生故障。炉子的门被手动打开，来冷却炉内的温度。凑巧的是，在那条线的袋式除尘器运行不畅，造成工厂内大量的粉尘。在修理袋式除尘器的过程中，疏通一个严重堵塞，造成了粉尘云。粉尘云向炉门飘去，发生爆炸。尽管这次爆炸造成损坏并不大，但是它将使车间内的设备摇动，将设备边缘和水平面上堆积的粉尘扬起。随后造成了一个更大的粉尘爆炸和火灾，这次造成了更多的死亡和破坏。

造成这起事故的原因有许多。我们之后了解到，工厂的管理层了解粉尘危害。但是，他们没有采取任何行动，问题没有被解决。显而易见的粉尘危害被当作司空见惯的事，就是被忽视了。

• 在你的工厂内是否有这种明显的预警信号，堆积着化学品粉尘或残留物？
• 是否有一个清洁的标准？
• 是否清楚地划分责任，确保工艺设备周围的整洁？

【练习】 你能从这次事故中识别出其他的预警信号吗？

第12章

行动号召

不要把提议误认为行动。

——欧内斯特·海明威(Ernest Heming way)

本书着重强调了许多常见且普遍的预警信号，这些预警信号都出现在值得注意的工业事故发生之前。识别出这些信号并且对此作出响应是降低重大事故风险重要的第一步。有影响力的过程安全文化应该对过程安全作出承诺，并且减少代沟与分歧。先前的章节，是在宣扬一种信仰，强有力的过程安全文化是帮助确保我们在需要时会做重要的事。这种文化尊重这样一个事实：事情可能会出错，并在组织内保持一种健康的危机感。避免灾难性事故的首先是在个人行为，团队行为和企业行为中显示高水准的操作纪律。

在基于本书所讨论的预警信号，而采取行动计划前，请考虑下面引自英国小说家罗伯特•贝劳特（Robert Brault）的话：

不要轻举妄动，直到你能清楚的回答：

如果我什么都不做会发生什么？

后续行动的最大障碍或许是对管理部门的否定。一个项目中的缺点或疏忽存在时间越长，越容易忽视其重要性。认为事故只发生在别处这种观点通常会造成工业中许多悲惨的事故。所有的工人都对影响管理层起着重要作用，如果要避免重大事故，需要进行改进。

尽管执行一项行动计划的目的是要改善我们的现状，但这确实需要我们做出改变。仅仅对企业引入一个变化可能会发生连锁反应，需要慎重考虑。改变一艘游轮的航线需要时间，监测和敏锐的方向感。但是，死于泰坦尼克的爱德华•史密斯（Edward Smith）船长及船上的1517个人如果在沉入冰冷的大西洋底前有第二次机会，会很乐意采取一条不同的航线。

试想一下国际足联的世界杯，所有的球队为了拿到冠军都展示出高水平的技术与经验。但是，只有一支队伍会过关斩将，最后赢得大力神杯。这支球队始终保持着取得胜利的决心与斗志。除了拥有高水平的球技以外，他们还运用了高水平的比赛策略。这与生产企业的操作行为的概念是类似的。这个术语的核心意思是第一次就把事情做对，不要走捷径或接受折中方案。这就是本书提炼出的核心主题。

12.1 对每个预警信号现在所能采取的行动

当阅读本书时，你可能已经考虑到了几种方法通过使用这些信息来帮助你的组织提升和识别重要预警信号。退一步回想一下不同预警信号之间的内在联系。对一个预警信号有响应的行为能否预先阻止其他预警信号？如果你的装置经理大部分时间都穿着防火服工作，他（她）或许对预警信号有基本的了解了。管理层意识到处理相关问题至关重要。

12.1.1 员工定期参与预警信号分析

开始使用预警信号在安全例会上作为讨论题目。当问自己这本书中列出的预警信号是否适用于你的组织时，最好采用团队做法。很多组织会将经理、工程师、主管和技术人员包含在这个过程里面。这有助于增强组织的弱项。试采用如下方法。

- 引进一个或一类预警信号。
- 邀请一些人进行讨论，从他们的意见看该预警信号在你的设施区域内是否明显。
- 讨论和记录小组关于如何最好地解决眼前问题的措施。
- 讨论和记录小组关于防止问题在将来升级的方法。
- 辨识出小组讨论提供方法的有效途径。

如果组织者擅长组织和协调不同意见，这些安全会议应该生动活泼且富有成果。这些讨论同样可以提出能够提升组织文化的问题。被讨论的每个预警信号都有可能产生对系统提高的一系列建议。

从2002年起，CCPS就开始发布名为“工艺安全警示灯”的月度公报。每个公报都会突出一个重要的过程安全主题和提供一些建议来寻找操作中的预警信号。公报以工厂的操作和维护人员为目标。这一重要的应用是本书的补充材料之一。

12.1.2 使用预警信号作为后续过程安全审核的一部分

考虑增加预警信号评估作为过程安全审核的一部分。你可以修改附录A，“事故预警信号自我评价工具”，来帮助完成此项任务。多项预警信号依赖于感知。但是，较大的样本量有助于识别有待于改善的领域。

你可以在审核中查询相关联的预警信号作为其中要素，或者在整个组织中进行全面检查。与设施管理团队回顾审核报告结果。将重点放在现有的预警信号上。记住要汇报你的设施取得成功的活动和需要改进的领域。

12.2 考虑严格执行和跟进的简单计划

如果你发现使用预警信号作为预测重大事故潜在风险是有效的，你可以将它构筑到你的过程安全管理系统中。一旦你的设施包含预警信号检测和预防方法，并作为你的管理系统的一个关键要素，这些方法将最终成为习惯行为。

12.2.1 开展初始的预警信号调查

使用这本书最有效的方法之一就是在涉及的员工中开展一个初始意见调查。识别预警信号你将会集中使用到附录 A“事故预警信号自我评估工具”，作为你的调查工具。采用不同方法来搜集数据来确定你的现场文化。一些方法已在下面列出：

- 调查；
- 面谈；
- 查阅文件；
- 设施巡查；
- 集体研讨会；
- 查阅事故数据库中备案存档；
- 事故调查分析。

采用不同方法相结合，将最有效地确定设施可观察的和可衡量的预警信号的状态。这是你的基准。任何调查期间作出的行动决策都应被作为预警信号相关的行动跟踪，直到关闭。

12.2.2 在你的管理系统中建立预警信号分析

预警信号在安全管理系统中与以下工作领域相关联：你会修改你的管理系统使其包含以下条目吗？

- 合规性评审。将检查是否有预警信号的存在包含到你的永久评审协议中。
- 事故调查。建立形成一个与预警信号相联系的事故清单。这些事故可被看做未遂事件的一个子集。鼓励上报事故与未遂事件。
- 过程危害分析。与研究团队一起，将所有预警信号分析融入到工艺危害分析中并作为验证点。

- 过程安全程序。当撰写涉及过程安全执行的每个程序时，具体包括操作程序、维修作业程序、安全工作实践、应急响应计划程序，撰写文件以防止预警信号产生。
- 员工培训。考虑在新员工入门培训课程中增加灾难性事故预警信号和危害识别部分，为作业人员和维修人员增加复训课程。

你会寻找到其他机会将这种理念植入到其他要素中去。如果有需要，考虑修订程序和培训变更中涉及的用户。当涉及你的管理系统时，考虑以下问题。

- 在整个过程中，你是否有衡量和关键绩效指标来有效地帮助你的组织前进和判定成功？
- 你如何确保预期实践能够反映在书面程序中？
- 如何对来自衡量和关键绩效指标的历史数据进行分析并且提供更深入洞悉，以及将资源集中到最需要的地方？

12.2.3 使用新的系统并跟踪相关涉及的作业活动

一旦你的管理系统引入预警信号增加设施安全的理念，跟踪该方法的有效性。

除了日常过程安全相关活动，还需要特别关注任何由于事故调查、审核或过程危害分析定义出与处理或者避免灾难性事故预警信号相关的行动项。评估每个行动项直至结束。考虑监视潜在的已经回避的风险，已节省费用，操作成本以及实施时间。久而久之，这些灾难性事故预警信号会在你的组织内越来越少。

12.2.4 在下次的合规性评审中评估有效性

在将预警信号纳入到你的安全管理系统之后，下一次的定期过程安全评审可作为成功的晴雨表。如果协议包含适用预警信号增强安全的理念，那么你可以将评审结果进行分类以反映他们的考虑。

- 涉及关于预警信号的行动项有多少按时关闭？
- 还有多少还处于开放或者过期状态？
- 在初期调查和本次评审中，预警信号是否减少或者消除？
- 执行基于预警信号相关的行动项成本是多少？
- 最近关键绩效指标处于什么状态？自从专注于消除预警信号后它们是否有改变？
- 有没有浓厚的过程安全文化？
- 你如何衡量预警信号识别已经根深蒂固并且体现在设施系统、工艺和操作中？
- 多少新的预警信号被发现？

12.2.5 对预警信号复发保持警惕

过程安全领域的成功是个持续的挑战。失败最终由本书案例中描述的重大损失出现类型来衡量。灾难性事故已经给一些公司定性并且要为其他人的死亡负责。过程安全管理失效几乎总是导致人员伤亡痛苦。

采用这本书描述的预警信号将会帮助提升你的过程安全绩效。然而，仅仅因为有信心，预警信号今天没有出现，并不保证它以后不会重新抬头。大多数具有浓厚安全文化的公司知道警惕性很重要，并定期评价来判定持续性符合要求，是唯一保证过程安全风险在可接受的范围内方法。

管理变更、全球市场的变化、工艺变更和设施所有权的变更，这些因素都可以影响预警信号是否会重现。即使我们认为具有良好绩效的公司在这些预警信号方面一样存在问题。对预警信号的持续改进考虑并不意味着他们已经走远。他们可能随时复发。需要随时保持警惕。

12.3 付诸思考

将灾难性事故预警信号分析纳入到现有的过程安全或者卓越运营管理系统，能够减少您的装置中发生灾难性事故的可能性。

单个独立设施需要考虑以下问题。

- 我们如何深入地考虑这些预警信号？
- 我们的数据在多大程度上与设施现有的预警信号关联？
- 我们的过程安全系统自从增加灾难性事故预警信号识别以后是否受益？
- 这对我们的业务管理系统中在本质上是不是一种预防性维护方案？
- 我们如何将这本书中的理念呈现给更高级别的领导层？
- 如何将预警信号考虑纳入我们现有的安全管理体系，以改善我们的管理系统？
- 如果不处理这些预警信号，存在的风险是什么？

初始预警信号识别结果有利于对设施内不同地点、不同工艺区域进行标杆管理。很多组织可能考虑使用初始预警信号调查结果做成关于过程安全资源支出和升级的基于风险的决议。

化工工业在此时要求的行动是：评估这种分析灾难性事故预警信号的概念可用于提高操作的成功，过程安全的成功，环境责任和高质量标准。

事故发生之前在意见调查、审核和其他机会中寻找预警信号要比事后（即事故调查中）再寻找预警信号更有效。

从根本上讲，每个人对过程安全都负有责任。取决于你在组织中的位置，你会投入到管理系统的开发、管理系统活动的执行或者两者都有。接下来的部分包括根据在组织所处的位置划分的一些责任，具体包括高层经理、经理、主管和所有员工。

12.3.1 高层经理

高层经理负责了解员工作业造成的风险、为风险控制确立目标以及确保采取相应的措施，这包括对环境、社区以及工人的潜在风险。高层经理同样需要懂得重大损失如何潜在影响上下游的商业运行，避免为任何报告的预警信号找理由。没有任何正当理由，只有原因。高层经理应该保持警惕性并对风险防范和风险管理措施进行支持。

高层经理应该考虑以下问题。

- 每项作业处在什么样的风险等级上？
- 我是否已经明确传达了对作业风险防范的支持？
- 如何全力推进风险管理？
- 我们是否懂得我们的个人安全准则和动机？
- 我们是否展示了涉及安全的领导行为？
- 我们涉及文化要素的组织评分如何与安全绩效相关联？
- 我们是否有违规行为标准化的经验？
- 是否有过分强调受伤率？
- 我们的奖励和认可程序如何应该安全绩效？
- 我们的根本原因分析方法是否过于简单？

12.3.2 经理

经理负责遵循高层经理的方向和领导，变更组织运行以达到组织目标。经理应该促进预警信号在作业场所的应用并在跟踪关注和示范上使之具有优先权。

经理应该考虑以下几个问题。

- 在我的工厂内，我是否关注了高风险作业？
- 应急响应计划是否足够减缓重大事故影响？
- 我的员工们是否注意到他们工作区域内的预警信号？
- 我的活动是否有效关闭了来自审核、危害分析、变更建议管理以及事故的活动项目？

12.3.3 主管

基层主管是组织内领导层面最重要的部分之一。主管是经理面向员工、承包商的代表。主管可以支持或违抗管理层的意图并引起强烈反应，或者无视来自管理层可能导致毁灭性后果的建议。最重要的，主管应在其他领导不在场的情况下保有良知。

主管应关注以下几个问题。

- 我是否每天对预警信号保持警惕？
- 我是否询问员工请他们分享可能与预警信号有关的忧虑？
- 每天的班组会议上是否有关于过程安全信息、教训或者预警信号讨论？
- 我的个人行为（发言、肢体语言、态度和行为）是否展示了对风险控制的承诺？
- 我的员工是否让我负责与管理层传达预警信号？
- 我是否在布置任务的时候将为什么与任务的做什么、如何做、何时做一并沟通联系起来？

12.3.4 使用事故预警信号对班组长进行培训

事故预警信号还可以作为操作和班组长培训的材料。培训的目标是让班组长能够认识到事故预警信号识别是一种主动管理现场和操作风险的方法。它们同样是绩效管理过程中的极佳的领先指标。

使用事故预警信号精心准备的培训课程能够帮助不同层级的领导阶层和主管识别早期潜在的运营风险。

培训还提供给领导层关于现场检查和审核的重要性的更深层次的理解。很多事故预警信号只有在领导在生产装置时才变得显而易见。

部分事故预警信号培训示例如下。

- 模拟训练。带参与者绕过事故预警信号迹象明显的场景，但如果他们没有被管理好，风险的迹象会增加并最终导致事故发生。
- 使用照片。让参与者识别照片中可见的事故预警信号。这对吸引领导者察觉自己的现场也有可能存在事故预警信号很有帮助。同时，这些可以用在其他培训课程或者安全会议中。
- 将预警信号与事故屏障模型联系起来。强调过程安全屏障开始失效或者已经失效是事故预警信号的早期警告。让参与者尝试将预警信号与其预示的管理系统的失效部分相匹配。这些练习对其他领导层理解过程安全屏障特别有帮助。

12.3.5 所有员工

每个人对过程安全都负有责任。无论处于什么位置的员工都需要考虑以下问题。

- 我是否每天对预警信号保持警惕？
- 我是否有立即汇报所有事故和异常情况？

- 我是否一直遵循所有政策和程序？
- 我所在的组织是否始终遵循所有政策和程序？
- 我是否感到有责任纠正不安全状态和停止不安全行为？
- 我是否穿戴合适的个体防护装备？
- 我是否按时完成所有规定的培训？
- 我是否定期参加应急响应演练？

12.4 摘要

从过程安全角度来讲管理风险是每个人的责任。这本书中的预警信号可以帮助你预测安全系统何时变得脆弱。这些事前警告为提高和改善系统来抵御灾难性事件提供了机会。这些行动由你作主。

以下的案例说明了强调前几章所讨论的过程安全要素的重要性。它说明了一些重要的管理体系的失效是如何相互重叠和加强的。

12.5 案例分析　发生在北海的石油钻井平台爆炸和火灾事故

1988年7月6日，派珀•阿尔法钻井平台发生了一系列重大爆炸和火灾。此钻井平台位于英国北海，距离苏格兰的阿伯丁大约110英里，有226人在事故发生时在平台作业。其中有165人死亡，还有两名救援人员在救援行动中丧生。钻井平台被毁，紧随其后的调查行动因为缺乏实质证据而不能进行。从目击者的陈述来看，可以推断出最有可能的情况是，泵在维修之后重新开始启动时，释放出轻质烃类（由丙烷、丁烷和戊烷组成的混合物）。启动泵的工作人员并不知道，泵出口的泄压阀被移除，原位置上被安装上一块未完全固定的盲法兰）。当重新启动泵，法兰边缘泄漏，产生可燃的蒸气，紧接着遇到点火源。

派珀•阿尔法钻井平台位于平台网络的中心，所有的平台靠石油和气体管道连接。最初的爆炸使派珀•阿尔法平台的输油管破裂。平台管道内的静压力使燃料不断流向泄漏点。其他钻井平台的管理者们，意识到了派珀•阿尔法的问题（但并没有意识到它的严重性），他们认为如果有必要，他们会收到停止运行的通知。

但是，爆炸中断了派珀•阿尔法平台的通信。过了很久，其他钻井平台才被隔离。随后一连串爆炸相继发生，大火破坏了钻井平台底部的天然气立管。火灾的强度阻止了救援，无论是空中的还是海上的。此事件的顶点是，派珀•阿尔法的天然气燃烧速率与整个英格兰的天然气消耗率是一样的。根据受过的培训，许多钻井平台工作人员撤退到员工居住舱等待疏散。即使那里的条件表明已经难以维持了，也无人组织大家从居住舱撤退。

随后的调查显示以下几点：

- 两个工作许可证分别签发给这台冷凝泵，一个是维修泵，一个是测试泄压阀。泄压阀工作在临近换班时间还没有结束，他们并没有加班去完成，而是决定终止那天的工作许可证，第二天继续工作。现场监督人员终止了许可证，并把他交还给控制室，却没有说明工作人员的工作进展状况。
- 在交班的时候，泵的工作状况有被提及，却没人提及泄压阀的工作情况，在控制室的交接班日志和维修记录也未提及。交接班信息和日表的充分性问题是部分人员早已熟知的问题。引用一位员工的话说："让人惊讶的是你发现一些事情正在继续"。
- 泵和泄压阀的工作许可并没有彼此提及，可能是两个许可证在不同地方的文件里（一个在控制室，一个在安全办公室）。当冷凝液泵在交班之后出现故障，便开启备用泵继续生产，控制室的工作人员仅仅想到泵维修工作许可，并把泵切换至正常运行。
- 工作许可（PRW）系统经常没有按照程序执行。
- 由于钻井平台附近的水域里有潜水员，柴油驱动的消防泵被切换到手动控制状态。这种做法与公司政策相比更为保守，1983 年消防审计报告建议禁止这种做法。使消防泵处于手动状态意味着工作人员在爆炸发生之后必须到达消防泵才能启动它。但是，客观条件不允许这样，结果派珀•阿尔法的喷淋灭火系统没有起到作用。
- 如果可以利用消防水，或许大火的影响可能得到控制。消防管道，包括火灾最严重的平台模块的管道，喷淋头已经严重腐蚀和堵塞，追溯到 1984 年众所周知的问题。已经尝试了各种修复方案，替代消防管道系统的项目已经启动，但工作进度落后于计划。1988 年 5 月的检测显示主模块中大约 50%的喷淋头被堵塞。
- 为了正确地看待前两项观察，派珀•阿尔法的钢结构没有防火，这一点大家是知道的（至少管理层是知道的）。"如果火灾是来源于一个巨大且加压的碳氢化合物源头，那么钢平台的整体结构会在 10～15 分钟内垮塌"。
- 调查显示对平台新员工的应急响应培训粗略，而且并不一致。工人们如果过去 6 个月没有在派珀•阿尔法上工作，那么他们就需要接受培训。但是即使时间间歇很长，又或者是个人汇报他们之间已在其他近海地区工作过，也经常不进行培训。许多幸存者说他们从未在救生筏的位置接受过训练和学习如何使用它们。
- 疏散演习也没有按照要求每周进行一次（6 个月的时间只记录了 13 次演习）。爆炸发生前的三年没有进行过大规模的完全停车演习。
- 在另一个平台上，平台管理人员也没有对此类紧急情况该如何响应进行培训（注：不同的钻井平台归不同的公司所有和运营）。

- 大约在爆炸事故发生之前一年，在一次工程报告中曾经提醒过公司管理人员，由于泄漏气体产生的大火可能会对该平台的安全疏散造成严重阻碍。但是，管理层低估了发生此类事件的可能性，认为目前的保护措施已经足够。实际上，派珀•阿尔法平台煤气立管上游的紧急隔离阀并未受到火灾暴露的保护，由于平台内部气体管道的直径和长度，在发生破坏时需要几天时间来给输油管减压。正是这些管道的故障最终破坏了派珀•阿尔法平台，并阻碍了相关撤离。
- 卡伦报告对上述每一个问题对应的管理监督不足和后续行动提供了重要评论。

【练习】 你能识别出在此事故发生前的预警信号吗？

附录A　事故预警信号的自我评价工具

事故预警信号的自我评价工具
工厂名称：
说明：选择最能代表你对“存在预警信号一个问题”看法的等级 5-强烈赞同/明显普遍存在；4-赞同/存在或局部存在；3-中立；2-不同意/不存在或极少见；1-强烈反对/不存在不可见

分类/预警信号	等级
领导力和文化	
在安全操作范围之外运行是可接受的	
工作职位和职责界定义不明、令人费解或者不明确	
外部抱怨投诉	
员工疲劳的信号	
混淆职业安全与过程安全的现象普遍存在	
频繁的组织变更	
生产目标与安全目标相冲突	
过程安全预算被削减	
管理层与工人沟通不畅	
过程安全措施延期	
管理层对过程安全的顾虑反应迟缓	
有观点认为管理层就是充耳不闻	
缺乏对现场管理人员的信任	
员工意见调查显示出负面的反馈	
领导层的行为暗示着公众声誉比过程安全更为重要	
工作重点发生冲突	
每个人都太忙了	
频繁改变工作重点	
员工与管理层就工作条件发生争执	
与“追求结果”的行为相比，领导者显然更看重“忙于作业”的行为	
管理人员行为不当	
主管和领导者没有为在管理岗位任职做好正式准备	
指令传递规则定义不清	
员工不知道有标准或不遵守标准	
组织内存在偏袒	
高缺勤率	
存在人员流动问题	
不同班组的操作实践和方案各不相同	
频繁的所有权变更	
培训和胜任能力	
缺乏对可能发生的灾难性事件及其特点的相关培训	
对工艺操作的风险及相关材料培训力度不够	
缺乏正规有效的培训计划	
工厂化学工艺的培训力度不够	
缺少对过程安全体系的正规培训	

续表

分类/预警信号	等级
缺少说明每个员工能力水平的能力记录	
缺乏对具体工艺设备操作或维护的正规培训	
经常出现明显的运行错误	
当工艺波动或异常时出现混乱	
工人们对工厂设备或程序不熟悉	
频繁的工艺异常	
培训计划被取消或延期	
以“勾选”的心态执行程序	
员工长期没有参加近期的培训	
培训记录没有进行更新或不完整	
默许较低的培训出勤率	
培训材料不当或培训者能力不足	
没有恰当使用或过度依赖基于计算机进行的在线培训	
过程安全信息	
P&ID 不能反映当前现场情况	
不完整的安全系统文档	
不完善的化学品危害文档	
除 P&ID 以外的过程安全信息文档精度和准确度差	
不是最新的 MSDS 或设备数据表	
不容易得到过程安全信息	
不完整的电气区域划分图/危险场所划分图	
不标准的设备标识或挂牌	
不一致的图纸格式和规范	
过程安全信息的文件控制问题	
没有建立正式的过程安全信息的负责人	
没有工艺报警管理系统	
程序	
没有包含所需设备的程序	
没有包含操作安全限值的程序	
操作工表现出对如何使用程序的陌生	
大量的事件导致出现自动联锁停车	
没有系统衡量程序是否执行	
工厂的出入控制程序未一致地实施或强制执行	
不充分的交接班沟通	
低质量的交接班日志	
容忍不遵守公司程序的行为	
工作许可证的长期慢性问题	
程序不充分或质量差	
没有体系来决定哪些活动需要书面程序	
在程序编写和修改方面没有管理程序和设计指南	
资产完整性	
已知防护措施受损，操作继续	
设备检验过期	
安全阀检验过期	
没有正式的维护程序	

续表

分类/预警信号	等级
存在运行到失效的理念	
推迟维护计划直到下一个预算周期	
减少预防性维修活动来节省开支	
已损坏或有缺陷的设备未被标记并且仍在使用中	
多次且重复出现的机械故障	
设备腐蚀和磨损明显	
泄漏频发	
已安装的设备和硬件不符合工程实际需要	
允许设备和硬件的不当使用	
用消防水冷却工艺设备	
警报和仪表管理存在的问题没有被彻底解决	
旁路警报和安全系统	
工艺在安全仪表系统停用的情况下运行,并且未进行风险评估和变更管理	
关键的安全系统不能正常工作或没有经过测试	
滋扰报警和联锁停车	
在确立设备危险程度方面缺乏实践	
在运行的设备上进行作业	
临时的或不合标准的维修普遍存在	
预防性维护不连贯	
设备维护记录不是最新的	
维护计划系统长期存在问题	
在设备缺陷管理方面没有正式的程序	
维护工作没有彻底关闭	
风险分析和变更管理	
过程危害分析实践不佳	
应急备用系统未投用	
过程危害分析行动项跟踪不到位	
变更管理系统只用于重大变更	
未关闭的变更管理积压	
过度延迟变更管理行动项的关闭	
组织变更不经过变更管理	
运行计划经常改变或中断	
进行风险评估用于支持已经做出的决定	
一种我们从来都是这样做的意识	
理层不愿意考虑变更	
变更管理的审查和批准缺乏结构和严谨性	
未能识别出操作偏离和发起变更管理	
原始的设施设计用于当前的改造	
临时变更转为永久变更未经过变更管理	
存在操作蠕变	
不做过程危害分析再验证或再验证不完善	
旁路仪表没有足够的变更管理	
公司缺少或没有对可接受风险分级指导方法	
风险登记准备不完善,不存在或不适用	

续表

分类/预警信号	等级
工厂设施没有风险状况的基准	
安保方案没有始终如一地实施	
审核	
在随后的审核中出现重复性的问题	
审核经常缺乏现场的确认	
以前审核发现的问题仍然存在	
审核没有与管理层讨论	
检查或审核结果发现重大的问题	
收到监管部门的罚款或传票	
经常性的外部负面投诉	
审核只聚焦好的消息	
审核报告没有与所有受影响的人员沟通	
公司的过程安全管理指导文件与工厂的资源和文化不匹配	
从经验中学习	
未能从以前的事故中学习	
经常发生泄漏或溢出	
工艺过程频繁波动或产品不合格	
承包商的较高事故率	
仪表异常的读数没有被记录或调查	
普遍和频繁的设备故障	
事故趋势报告只反映了受伤事件或重大事故	
未报告小事故	
未报告未遂事件和不合规情况	
停于表面的事故调查导致不正确的调查结果	
事故报告对于影响轻描淡写	
环保绩效不能符合法规或公司目标的要求	
事故的趋势和模式很明显，但是没有被很好地跟踪或分析	
安全系统经常被激活	
物理警告信号	
工人或社区抱怨有异常气味	
设备或支撑结构有物理损坏	
设备的振动超出了可接受的程度	
明显的泄漏或溢出	
在建筑物内和平台上有粉尘堆积	
劳保用品的使用不正确，或不一致	
安全设备缺失，或有缺陷	
厂内的车辆行驶未加控制	
存在开放的，并且未加控制的点火源	
项目用的拖车靠近工艺装置	
下水道和排淋系统堵塞	
管理层和工人可以接受很差的现场内务清洁	
永久和临时的工作平台没有保护或监管	
打开的电气柜或电线护管	
在工艺建筑的内墙和天花板上出现冷凝水	
螺丝松动，设备的一些部件没有固定好	

附录B 灾难性事故的预警信号列表

1. 领导力和文化

(1) 在安全操作范围之外运行是可接受的；

(2) 工作职位和职责界定义不明、令人费解、或者不明确；

(3) 外部抱怨投诉；

(4) 员工疲劳的信号；

(5) 混淆职业安全与过程安全的现象普遍存在；

(6) 频繁的组织变更；

(7) 生产目标与安全目标相冲突；

(8) 过程安全预算被削减；

(9) 管理层与工人沟通不畅；

(10) 过程安全措施延期；

(11) 管理层对过程安全的顾虑反应迟缓；

(12) 有观点认为管理层就是充耳不闻；

(13) 缺乏对现场管理人员的信任；

(14) 员工意见调查显示出负面的反馈；

(15) 领导层的行为暗示着公众声誉比过程安全更为重要；

(16) 工作重点发生冲突；

(17) 每个人都太忙了；

(18) 频繁改变工作重点；

(19) 员工与管理层就工作条件发生争执；

(20) 与"追求结果"的行为相比，领导者显然更看重"忙于作业"的行为；

(21) 管理人员行为不当；

(22) 主管和领导者没有为在管理岗位任职做好正式准备；

(23) 指令传递规则定义不清；

(24) 员工不知道有标准或不遵守标准；

(25) 组织内存在偏袒；

(26) 高缺勤率；

(27) 存在人员流动问题；

(28) 不同班组的操作实践和方案各不相同；

(29) 频繁的所有权变更；

2. 培训与胜任能力

(30) 缺乏对可能发生的灾难性事件及其特点的相关培训；

(31) 对工艺操作的风险及相关材料培训力度不够；

(32) 缺乏正规有效的培训计划；
(33) 工厂化学工艺的培训力度不够；
(34) 缺少对过程安全体系的正规培训；
(35) 缺少说明每个员工能力水平的能力记录；
(36) 缺乏对具体工艺设备操作或维护的正规培训；
(37) 经常出现明显的运行错误；
(38) 当工艺波动或异常时出现混乱；
(39) 工人们对工厂设备或程序不熟悉；
(40) 频繁的工艺异常；
(41) 培训计划被取消或延期；
(42) 以“勾选”的心态执行程序；
(43) 长期员工没有参加近期的培训；
(44) 培训记录没有进行更新或不完整；
(45) 默许较低的培训出勤率；
(46) 培训材料不当或培训者能力不足；
(47) 没有恰当使用或过度依赖基于计算机进行的在线培训；

3. 过程安全信息

(48) P&ID不能反映当前现场情况；
(49) 不完整的安全系统文档；
(50) 不完善的化学品危害文档；
(51) 除P&ID以外的过程安全信息文档精度和准确度差。
(52) 不是最新的MSDS或设备数据表；
(53) 不容易得到过程安全信息；
(54) 不完整的电气区域划分图/危险场所划分图。
(55) 不标准的设备标识或挂牌；
(56) 不一致的图纸格式和规范；
(57) 过程安全信息的文件控制问题；
(58) 没有建立正式的过程安全信息的负责人；
(59) 没有工艺报警管理系统；

4. 程序

(60) 没有包含所需设备的程序；
(61) 没有包含操作安全限值的程序；
(62) 操作工表现出对如何使用程序的陌生；
(63) 大量的事件导致出现自动联锁停车；
(64) 没有系统衡量程序是否执行；
(65) 工厂的出入控制程序未一致地实施或强制执行；

(66) 不充分的交接班沟通；
(67) 低质量的交接班日志；
(68) 容忍不遵守公司程序的行为；
(69) 工作许可证的长期慢性问题；
(70) 程序不充分或质量差；
(71) 没有体系来决定哪些活动需要书面程序；
(72) 在程序编写和修改方面没有管理程序和设计指南；
5. 资产完整性
(73) 已知防护措施受损，操作继续；
(74) 设备检验过期；
(75) 安全阀检验过期；
(76) 没有正式的维护程序；
(77) 存在运行到失效的理念；
(78) 推迟维护计划直到下一个预算周期；
(79) 减少预防性维修活动来节省开支；
(80) 已损坏或有缺陷的设备未被标记并且仍在使用中；
(81) 多次且重复出现的机械故障；
(82) 设备腐蚀和磨损明显；
(83) 泄漏频发；
(84) 已安装的设备和硬件不符合工程实际需要；
(85) 允许设备和硬件的不当使用；
(86) 用消防水冷却工艺设备；
(87) 警报和仪表管理存在的问题没有被彻底解决；
(88) 旁路警报和安全系统；
(89) 工艺在安全仪表系统停用的情况下运行，并且未进行风险评估和变更管理；
(90) 关键的安全系统不能正常工作或没有经过测试；
(91) 滋扰报警和联锁停车；
(92) 在确立设备危险程度方面缺乏实践；
(93) 在运行的设备上进行作业；
(94) 临时的或不合标准的维修普遍存在；
(95) 预防性维护不连贯；
(96) 设备维护记录不是最新的；
(97) 维护计划系统长期存在问题；
(98) 在设备缺陷管理方面没有正式的程序；
(99) 维护工作没有彻底关闭；

6. 风险分析和变更管理
(100) 过程危害分析实践不佳；
(101) 应急备用系统未投用；
(102) 过程危害分析行动项跟踪不到位；
(103) 变更管理系统只用于重大变更；
(104) 未关闭的变更管理积压；
(105) 过度延迟变更管理行动项的关闭；
(106) 组织变更不经过变更管理；
(107) 运行计划经常改变或中断；
(108) 进行风险评估用于支持已经做出的决定；
(109) 一种我们从来都是这样做的意识；
(110) 管理层不愿意考虑变更；
(111) 变更管理的审查和批准缺乏结构和严谨性；
(112) 未能识别出操作偏离和发起变更管理。；
(113) 原始的设施设计用于当前的改造；
(114) 临时变更转为永久变更未经过变更管理；
(115) 存在操作蠕变；
(116) 不做过程危害分析再验证或再验证不完善；
(117) 旁路仪表没有足够的变更管理；
(118) 公司缺少或没有对可接受风险分级指导方法；
(119) 风险登记准备不完善，不存在或不适用；
(120) 工厂设施没有风险状况的基准；
(121) 安保方案没有始终如一地实施；
7. 审核
(122) 在随后的审核中出现重复性的问题；
(123) 审核经常缺乏现场的确认；
(124) 以前审核发现的问题仍然存在；
(125) 审核没有与管理层讨论；
(126) 检查或审核结果发现重大的问题；
(127) 收到监管部门的罚款或传票；
(128) 经常性的外部负面投诉；
(129) 审核只聚焦好的消息；
(130) 审核报告没有与所有受影响的人员沟通；
(131) 公司的过程安全管理指导文件与工厂的资源和文化不匹配；
8. 从经验中学习
(132) 未能从以前的事故中学习；

（133）经常发生泄漏或溢出；
（134）工艺过程频繁波动或产品不合格；
（135）承包商的较高事故率；
（136）仪表异常的读数没有被记录或调查；
（137）普遍和频繁的设备故障；
（138）事故趋势报告只反映了受伤事件或重大事故；
（139）未报告小事故；
（140）未报告未遂事件和不合规情况；
（141）停于表面的事故调查导致不正确的调查结果；
（142）事故报告对于影响轻描淡写；
（143）环保绩效不能符合法规或公司目标的要求；
（144）事故的趋势和模式很明显，但是没有被很好地跟踪或分析；
（145）安全系统经常被激活；
9. 物理的预警信号
（146）工人或社区抱怨有异常气味；
（147）设备或支撑结构有物理损坏；
（148）设备的振动超出了可接受的程度；
（149）明显的泄漏或溢出；
（150）在建筑物内和平台上有粉尘堆积；
（151）劳保用品的使用不正确，或不一致；
（152）安全设备缺失，或有缺陷；
（153）厂内的车辆行驶未加控制；
（154）存在开放的，并且未加控制的点火源；
（155）项目用的拖车靠近工艺装置；
（156）下水道和排淋系统堵塞；
（157）管理层和工人可以接受很差的现场内务清洁；
（158）永久和临时的工作平台没有保护或监管；
（159）打开的电气柜或电线护管；
（160）在工艺建筑的内墙和天花板上出现冷凝水；
（161）螺丝松动，设备的一些部件没有固定好；

附录C 参考文献和适用法规

第1章 概述

A Practical Approach to Hazard Identification for Operations and Maintenance Workers. New York, NY: Center for Chemical Process Safety of the American Institute of Chemical Engineers, 2010.

Guidelines for Engineering Design for Process Safety. New York, NY: Center for Chemical Process Safety of the American Institute of Chemical Engineers, 1993.

Guidelines for Implementing Process Safety Management Systems. NewYork, NY: Center for Chemical Process Safety of the American Institute of Chemical Engineers, 1994.

Guidelines for Integrating Process Safety Management, Environment, Safety, Health and Quality. New York, NY: Center for Chemical Process Safetyof the American Institute of Chemical Engineers, 1996.

Guidelines for Process Safety Fundamentals for General PlantOperations. NewYork, NY: Center for Chemical Process Safety of the American Institute of Chemical Engineers, 1995.

Guidelines for Process Safety in Batch Reaction Systems, New York, NY: Center for Chemical Process Safety of the American Institute of Chemical Engineers, 1999.

Guidelines for Process Safety in Outsourced Manufacturing Operations. NewYork, NY: Center for Chemical Process Safety of the American Instituteof Chemical Engineers, 2000.

Guidelines for Risk Based Process Safety. New York, NY: Center for Chemical Process Safety of the American Institute of Chemical Engineers, 2007.

Guidelines for Technical Management of Chemical Process Safety. New York, NY: Center for Chemical Process Safety of the American Institute of Chemical Engineers, 1989.

Plant Guidelines for Technical Management of Chemical Process Safety. NewYork, NY: Center for Chemical Process Safety of the American Institute of Chemical Engineers, 1991.

The Business Case for Process Safety Management. New York, NY: Center for Chemical Process Safety of the American Institute of Chemical

Engineers, 2003.

Sutton, Ian. 5th Annual Symposium, Mary Kay O' Connor Process Safety Center. October 29-30, 2002. Warning Flags over Your Organization Or: How Lucky Are You Feeling Today? Copyright © Sutton & Associates, 2002.

Vaughan, Diane. *The Challenger Launch Decision: Risky Technology, Culture, and Deviance at NASA*. Chicago, IL: The University of Chicago Press, 1996.

Union Carbide Corporation. Bhopal Methyl Isocyanate Incident Investigation Team Report, March 20, 1985. Danbury, CT: Union Carbide Corp., 1985.

第 2 章　事件机理

Environmental News Service. Chinese Petrochemical Explosion Spills Toxics in Songhua River. November 25, 2005.

Guidelines for Investigating Chemical Process Incidents, 2nd edition. New York, NY: Center for Chemical Process Safety of the American Institute of Chemical Engineers, 2003.

Guidelines for Process Safety in Outsourced Manufacturing Operations. New York, NY: Center for Chemical Process Safety of the American Institute of Chemical Engineers, 2000.

Reason, James. *Human Error*. New York, NY: Cambridge University Press, 1990.

Walter, Robert. *Discovering Operational Discipline: Facilitator's Guide*. Amherst, MA: HRD Press, 2002.

第 3 章　领导力和文化

Deming, W. Edwards. *Out of the Crisis*. Cambridge, MA: MIT Center for Advanced Engineering Study, 1986.

Hopkins, Andrew. Safety, *Culture and Risk: The Organisational Causes of Disasters*. CCH Australia, 2005.

Klein, James A. and Bruce K. Vaughen. A revised program for operational discipline. *Process Safety Progress*. Volume 27, Issue 1, pages 58-65. March 2008.

Kouzes, James M. and Barry Z. Possner. *The Leadership Challenge*, 4th edition. San Francisco, CA: Jossey-Bass, 2008.

The Report of the BP U. S. Refineries Independent Safety Review Panel. January, 2007.

Vaughan, Diane. *The Challenger Launch Decision: Risky Technology,*

Culture, and Deviance at NASA. Chicago, IL: The University of Chicago Press, 1996.

Walter, Robert. *Discovering Operational Discipline*. Amherst, MA: HRD Press, 2002.

第 4 章　培训与胜任能力

Anderson, L. W. and David R. Krathwohl, et al. (Eds.) *A Taxonomy for Learning, Teaching, and Assessing: A Revision of Bloom's Tax onomy of Educational Objectives*. Boston, MA: Allyn & Bacon, Pearson Education Group, 2001.

Bloom, Benjamin S. *Taxonomy of Educational Objectives: The Classifica tion of Educational Goals*; pp. 201-207. Susan Faue r Company, Inc., 1956.

Guidelines for Preventing Human Error in Process Safety. New York, NY: Center for Chemical Process Safety of the American Institute of Che mical Engineers, 2004.

Hopkins, Andrew. *Lessons from Longford: The Esso Gas Plant Explosion*. CCH Australia, 2000.

Instructor Skills Workshop, AntiEntropics, Inc., 2009.

第 5 章　过程安全信息

ANSI/API RP 505. Recommended Practice for Classification of Locations for Electrical Installations at Petroleum Facilities Classified as Class I, Zone 0, and Zone 2, 1st edition. Washington, DC: American Petro-leum Institute, 1997.

API RP 500 (R2002) Recommended Practice for Classification of Locations for Electrical Installations at Petroleum Facilities Classified as Class I, Division I and Division 2, 2nd edition. Washington, DC: American Petroleum Institute, 1997.

Guidelines for Process Safety Documentation. New York, NY: Center for Chemical Process Safety of the American Institute of Chemical Engi neers, 1995.

Health and Safety Executive Investigation Report, *The Fire at Hickson and Welch Limited*. London: HMSO, 1994.

第 6 章　程序

Guidelines for Safe Process Operations and Maintenance. New York, NY: Center for Chemical Process Safety of the American Institute ofChemi cal Engineers, 1995.

Guidelines for Writing Effective Operating and Maintenance Procedures. New York，NY：Center for Chemical Process Safety of the America n Institute of Chemical Engineers，1996.

Schlager，Neil. *When Technology Fails*：*Chernobyl Accident*，*Ukraine*. Fa rmington Hills，MI：Gale，1994.

Walter，Robert. *Procedure Writing Techniques Workshop*. AntiEntropics，Inc.，1994，2010.

第 7 章　资产完整性

Guidelines for Design Solutions for Process Equipment Failures. New York，NY：Center for Chemical Process Safety of the American Institute of Chemical Engineers，1998.

Guidelines for Implementation of Safe and Reliable Instrumented Protecti ve Systems. New York，NY：Center for Chemical Process Safety of the American Institute of Chemical Engineers，2007.

Guidelines for Improving Plant Reliability Through Data Collection and Analysis. New York，NY：Center for Chemical Process Safety of the American Institute of Chemical Engineers，1998.

Guidelines for Mechanical Integrity. New York，NY：Center for Chemical Process Safety of the American Institute of Chemical Engineers，2006.

Guidelines for Process Equipment Reliability Data with Data Tables. New York，NY：Center for Chemical Process Safety of the American In stitute ofChemical Engineers，1989.

Guidelines for Safe Automation of Chemical Processes. New York，NY：Center for Chemical Process Safety of the American Institute of Chem ical Engineers，1993.

Inherently Safer Processes：*A Life Cycle Approach*，2nd edition. New York，NY：Center for Chemical Process Safety of the American Insti tute of Chemical Engineers，2008.

Investigation Report，*Refinery Fire Incident*，*Tosco Avon Refiner*. U. S. Chemical Hazard Investigation Board，March 2001

第 8 章　风险分析和变更管理

Guidelines for Chemical Process Quantitative Risk Analysis. New York，NY:Center for Chemical Process Safety of the American Institute of Chemical Engineers，1999.

Guidelines for Consequence Analysis of Chemical Releases. New York，NY：Center for Chemical Process Safety of the American Institute of

Chemical Engineers，1995.

Guidelines for Evaluating Process Plant Buildings for External Explosions and Fires. New York，NY：Center for Chemical Process Safety of the American Institute of Chemical Engineers，1996.

Guidelines for Facility Siting and Layout. New York，NY：Center for Chemical Process Safety of the American Institute of Chemical Engineers，2003.

Guidelines for Hazard Evaluation Procedures. New York，NY：Centerfor Chemical Process Safety of the American Institute of Chemical Engineers，1995.

Guidelines for Management of Change for Process Safety. New York，NY：Center for Chemical Process Safety of the American Institute of Chemical Engineers，2008.

Guidelines for Performing Effective Pre-Startup Safety Reviews. New York，NY：Center for Chemical Process Safety of the American Institute of Chemical Engineers，2007.

Health and Safety Executive，*The Flixborough Disaster*：*Report of the Court of Inquiry*. London：HMSO.

Layer of Protection Analysis：*Simplified Process Risk Assessment*. New York，NY：Center for Chemical Process Safety of the American Institute of Chemical Engineers，2001.

第 9 章　审核

Guidelines for Auditing Process Safety Management Systems. New York，NY：Center for Chemical Process Safety of the American Institute of Chemical Engineers，1992.

Marshall，V. C. *The Allied Colloids Fire and Its Immediate Lessons*. IChemE Loss Prevention Bulletin，April，1994.

第 10 章　从经验中学习

Atherton，John and Frederick Gil. *Incidents That Define Process Safety*. New York，NY：American Institute of Chemical Engineers John Wiley andSons，Inc.，Center for Chemical Process Safety，2006.

Columbia Accident Investigation Board. *Report of Columbia Accident Investigation Board*，Volume I，2003.

Kletz，Trevor. *Lessons from Disaster*：*How Organizations Have No Memory and Accidents Recur*. Houston，TX：Gulf Professional Publishing，1993.

Guidelines for Performing Effective Pre-Startup Safety Reviews. New York, NY: Center for Chemical Process Safety of the American Institute of Chemical Engineers, 2006.

Guidelines for Evaluating the Characteristics of Vapor Cloud Explosions, FlashFires & BLEVEs. New York, NY: Center for Chemical Proce ss Safety of the American Institute of Chemical Engineers, 1994.

Guidelines for Fire Protection in the Chemical, Petrochemical, and Petro leumIndustries. New York, NY: Center for Chemical Process Safety of the American Institute of Chemical Engineers, 2003.

Guidelines for Investigating Chemical Process Incidents, 2nd edition. New York, NY: Center for Chemical Process Safety of the American In stitute of Chemical Engineers, 2003.

Guidelines for Post-release Mitigation Technology in the Chemical Process Industry. New York, NY: Center for Chemical Process Safety of th e American Institute of Chemical Engineers, 1996.

Guidelines for Technical Planning for On-Site Emergencies. New York, NY: Center for Chemical Process Safety of the American Institute of Chem ical Engineers, 1995.

Weick, Karl E. and Kathleen M. Sutcliffe. *Managing the Unexpected: Re si lient Performance in an Age of Uncertainty*, 2nd edition. Hoboken, NJ: Jossey-Bass, John Wiley & Sons, Inc. 2007.

第 11 章 物理的预警信号

Guidelines for Design Solutions for Process Equipment Failures. New York, NY: Center for Chemical Process Safety of the American Institute of Chemical Engineers, 1998.

Guidelines for Implementation of Safe and Reliable Instrumented Protective Systems. New York, NY: Center for Chemical Process Safety of the American Institute of Chemical Engineers, 2007.

Guidelines for Improving Plant ReliabilityThrough Data Collection and Analysis. New York, NY: Center for Chemical Process Safety of t he American Institute of Chemical Engineers, 1998.

Guidelines for Mechanical Integrity. New York, NY: Center for Chemical Process Safety of the American Institute of Chemical Engineers, 2006.

Investigation Report, Combustible Dust Fire and Explosions at CTA Acoustics Inc. U. S. Chemical and Hazard Investigation Board, February, 2005.

第12章　行动号召

Building Process Safety Culture: *Tools to Enhance Process Safety Per formance*. New York, NY: Center for Chemical Process Safety of the AmericanInstitute of Chemical Engineers, 2005.

Cullen, The Honourable Lord. *The Public Inquiry into the Piper Alpha Disaster*., London HMO, 1990.

Krause, Thomas *Catastrophic Events*: *Eight Questions Every Senior Lead erShould Ask*. BST white paper, 2010.

适用法规：

• Occupational Safety and Health Administration (OSHA), *Process Safety Management of Highly Hazardous Chemicals*, 29 CFR Part 1910, Section 119 (Washington, DC, 1992)

• Environmental Protection Agency (EPA), *Accidental Release Prevention Requirement/Risk Management Programs*, Clean Air Act, Section 112 (r) (7) (Washington, DC, 1996)

• New Jersey Department of Environmental Protection, *Toxic Catastrophe Prevention Act* (*TCPA*), N. J. S. A. 13: 1K-19 et seq., 1986

• Pipeline and Hazardous Materials Safety Administration (PHMSA), *Gas Transmission Integrity Management Rule*, 49 CFR Part 192, Subpart O

• Pipeline and Hazardous Materials Safety Administration (PHMSA), *Liquid Pipeline Integrity Management in High Consequence Areas for Hazardous Liquid Operators*. 49 CFR Parts 195. 450 and. 195. 452

• *Environmental Emergency Regulation*, (SOR/2003-307), Environment Canada

• *Control of Major Accident Hazards Involving Dangerous Substances*, European Directive Seveso II (96/82/EC)

• Korean OSHA PSM standard, *Industrial Safety and Health Act*, *Article* 20, *Preparation of Safety and Health Management Regulations*, Korean Ministry of Environment, Framework Plan on Hazardous Chemicals Management, 2001-2005

• Malaysia, Department of Occupational Safety and Health (DOSH) Ministry of Human Resources Malaysia, Section 16 of Act 514

• Mexican Integral Security and Environmental Management System (SIASPA), 1998

• *Control of Major Accident Hazards Regulations* (*COMAH*), United Kingdom Health & Safety Executive, 1999 and 2005

附录D 简称和缩写

AIChE——American Institute of Chemical Engineers 美国化学工程师协会

BLEVE——boiling liquid expanding vapor explosion 沸腾液体蒸气云爆炸

CBT——computer-based training 基于计算机的培训

CCPS——Center for Chemical Process Safety 化工过程安全中心

CFR——Code of Federal Regulations（U. S.）联邦法规（美国）

CM——corrective maintenance 修复性维修

CPI——chemical process industries 化学工业

CSB——Chemical Safety Board（U. S.）化工安全委员会（美国）

CUI——corrosion under insulation 保温层下的腐蚀

DCS——distributed control system 集散控制系统

DOT——Department of Transportation（U. S.）交通部（美国）

EDMS——electronic document management system 电子文档管理系统

EHS——environmental，health，and safety 环境、健康、安全

EHSCD——environmental health and safety critical devices（EHSCDs）环境、健康、安全关键设施

EPA——Environmental Protection Agency（U. S.）美国环境保护协会

HAZOP——hazard and operability study 危险与可操作性分析

HEPA——high-efficiency particulate air（filter）高效颗粒空气净化器

HSE——health and safety executive 健康与安全执行局

HVAC——heating，ventilating，and air conditioning 暖通空调系统

ISO——International Organization for Standardization 国际标准化组织

KPI——key performance indicator 关键绩效指标

MIC——methyl isocyanate 甲基异氰酸酯

附录E　术语

A

Abnormal Situation—disturbance in an industrial process with which the basic process control system of the process cannot cope. In the context of hazard evaluation procedures, synonymous with deviation.

异常情况——工艺过程的基本控制系统无法处理的工艺波动。在风险评估程序中，与偏离偏差同义。

Acceptable Risk—the average rate of loss that is considered tolerable for a given activity.

可接受的风险——对于指定的活动，可容忍的平均失效率

Accident—an incident that results in significant human loss.

事故——造成重大人员损失的事件

Administrative Controls—procedural requirements for directing or checking engineered systems or human performance associated with plant operations.

行政管理控制——一种为引导和检查工程系统或人员操作行为的程序机制

Alarm Management—the set of processes and practices for determining, documenting, designing, monitoring, and maintaining alarm messages.

报警管理——一套有关决策，记录，设计，检测和维修报警信息的过程和实践。

Audit—a systematic, independent review to verify conformance with prescribed standards of care using a well-defined review process to ensure consistency and to allow the auditor to reach defensible conclusions.

审核——一个系统的独立的审查，使用明确的审查程序以核实符合规定的标准的维护，确保一致性，并允许审计员得出可辩护的结论。

B

Baseline Risk Assessment—a process to characterize the current and potential threats to human health and the environment that may be posed by contaminants migrating to groundwater or surface water; releasing to air; leaching through soil; remaining in the soil and bio-accumulating in the food chain. The primary purpose of the baseline risk assessment is to provide risk managers with an understanding of the actual and potential risks to human health and the environment posed by the site and any uncertainties associated with the assessment. This information may be useful in determining whether a current or potential threat to human health or the environment warrants remedial action.

风险评估基准——描述对于人类健康或环境当前或潜在威胁的流程，这种风险可能来自于迁移到地下水或地表水中，释放到空气中的，渗透到土壤里，停留在土壤里和在食物链富集的污染物。风险评估基准的主要目的是为风险管理者提供对工厂所构成的人类健康和环境的实际和潜在风险以及与评估相关的任何不确定因素。这些信息可能有助于确定当前或潜在的对人类健康或环境的威胁是否需要采取补救行动。

C

Catastrophic—a loss with major consequences and unacceptable lasting effects，usually involving significant harm to humans，substantial damage to the environment，and/or loss of community trust with possible loss of franchise to operate.

灾难——灾难性事件结果导致持续的负面影响，通常后果包括人员死亡，严重的工厂外部影响，引发公众信任度丧失，还可能失去生产许可。

Configuration Management—the systematic application of management policies，procedures，and practices to assess and control changes to the hardware and software of a system and to maintain traceability of the configuration to the design basis throughout the system life. Configuration management is a specialized form of management of change.

配置管理——系统地应用管理策略、程序和做法，以评估和控制系统的硬件和软件的变化，并在整个体系的生命中保持对设计基础的配置的可追溯性。配置管理是变更管理的一种专业化形式。

Consequence（s）—the cumulative，undesirable result of an incident，usually measured in health and safety effects，environmental impacts，loss of property，and business interruption costs.

后果——事件的累积、不良结果，通常以健康和安全影响、环境影响、财产损失和业务中断成本来衡量。

Controlled Document—documents covered under a revision control process to ensure that up-to-date documents are available and out-of-date documents are removed from circulation.

受控文档——修订控制过程所涵盖的文档，以确保最新的文档可用，并将过期的文档从发行传播过程中删除。

Core Value—a value that has been promoted to an ethical imperative，accompanied by a strong individual and group intolerance for poor performance or violations of standards for activities that the core value.

核心价值——一个被提升为道德规范的价值，伴随着强烈的个人和群体不容忍，表现不佳或违背核心价值的活动标准。

Corrective Maintenance—maintenance performed to repair a detected fault.

修复性维护——为修复检测到的故障而执行的维护。

Critical Equipment—equipment, instrumentation, controls, or systems whose malfunction or failure would likely result in a catastrophic release of highly hazardous chemicals, or whose proper operation is required to mitigate the consequences of such release. (Examples are most safety systems, such as area LEL monitors, fire protection systems such as deluge or underground systems, and key operational equipment usually handling high pressures or large volumes.)

关键设备——设备、仪表、控制器、或系统等，其故障或失效很可能导致高危险物料灾难性的 泄放，或是需要它们正确响应来减轻诸如此类泄漏的后果。(例如：大多数安全 系统，如区域 LEL 监控；消防系统如喷淋或地下系统；还有通常处理高压或大容量的关键设备。)

D

E

Effectiveness—the combination of process safety management performance and process safety management efficiency. An effective process safety management program produces the required work products of sufficient quality while consuming the minimum amount of resources.

效率——过程安全管理绩效与过程安全管理效率的结合。有效的过程安全管理在消耗最少的资源的同时，生产出足够质量合格的工作产品

Element Owner—the person charged with overall responsibility for overseeing a particular RBPS element. This role is normally assigned to someone who has management or technical oversight of the bulk of the work activities associated with the element, not necessarily someone who performs the work activities on a day-to-day basis.

元素负责人——负责全面监督特定基于风险的过程安全元素的人。此角色通常被指派给与该元素关联的大部分工作活动的管理或技术监督的人员，而不一定是每天执行工作活动的人。

Emergency Response Plan—a written plan which addresses actions to take in case of plant fire, explosion, or accidental chemical release.

应急响应计划——指定的计划，确定在发生火灾、爆炸、或意外化学品泄漏时所采取的措施。

Emergency Shutdown Device—a device that is designed to shut down the system to a safe condition on command from the emergency shutdown system.

应急停车设备——一种设备，用于接受应急停车系统指令后，将系统关闭到

安全状态。

Engineered Control—a specific hardware or software system designed to maintain a process within safe operating limits, to shut it down safely in the event of a process upset, or to reduce human exposure to the effects of an upset.

工程控制——一个特定的硬件或软件系统，旨在安全的操作范围内保持一个进程，在发生过程中安全关闭它，或者减少人员暴露于不良环境下的影响。

F

G

Good Engineering Practices—engineering, operating, or maintenance activities based on established codes, standards, published technical reports, or recommended practices.

良好工程实践——根据既定的准则、标准、发布的技术报告或建议的做法进行工程、操作或维护活动。

H

HVAC—建筑物的供暖、通风和空调系统。

I

Incident Investigation—the management process by which underlying causes of undesirable events are uncovered and steps are taken to prevent similar occurrences.

事故调查——发现事故产生的潜在原因并提出预防相似事故再发生的管理过程。

Incident Investigation Management System—a written document that defines the roles, responsibilities, protocols, and specific activities to be carried out by personnel performing an incident investigation.

事故调查管理系统——事故调查过程中，调查人员所执行的定义的角色，责任，协议和特殊活动的记录文件。

Incident Investigation Team—a group of qualified people who examine an incident in a manner that is timely, objective, systematic, and technically sound to determine that factual information pertaining to the event is documented, probable cause (s) are ascertained, and complete technical understanding of such an event is achieved.

事故调查小组——一组有相关能力的人员，他们在事故调查中及及时，客观，系统，技术的态度详 尽的决定真实的信息应该如何记录，将导致事故的可能原因确定化，对整个事故 的发展有一个全面的技术性的理解。

Incident Warning Sign—an indicator of a subtle problem that could lead to an incident.

事故预警信号——一个可能导致事件的微妙问题的指示

Intermediates—materials from a process that are not yet completely finished product. They may be a mixture or compound.

中间物质——过程中原料未完反应的产物，可能是混合物也可能是化合物

J

Job Task Analysis—the analysis phase of the instructional systems design (ISD) model consists of a job task analysis based on the equipment, operations, tools, and materials to be used as well as the knowledge and skills and attitudes required for each job position.

工作任务分析——教学系统设计（ISD）模型的分析阶段包括基于设备、操作、工具和材料的工作任务分析，以及每个工作岗位所需的知识和技能和态度。

K

L

Layer of Protection Analysis (LOPA) —a process (method, system) of evaluating the effectiveness of independent protection layer (s) in reducing the likelihood or severity of an undesirable event.

保护层分析——评估独立保护层在减少不可取事件的可能性或严重性方面的有效性的过程（方法、系统）

M

Management of Change—a system to identify, review, and approve all modifications to equipment, procedures, raw materials, and processing conditions, other than replacement in kind, prior to implementation to help ensure that changes to processes are properly analyzed (for example, for potential adverse impacts), documented, and communicated to employees affected.

变更管理——一个系统，对设备，程序，原料和工艺条件，而不是“同类替代”的所有修改执 行之前，通过识别，审查，和批准来实现修改。

Mechanical Integrity (MI) —a management system for ensuring the ongoing durability and functionality of equipment.

机械完整性——确保设备持续耐用性和功能的管理系统。

N

Normal Operation—the phase of process operation between the startup phase and shutdown phase. Any process operations that can be performed during this period to support continued operation within safe upper and lower operating limits is a normal operations task.

正常操作——启动阶段和关机阶段之间的过程操作阶段。在这段期间内可以执行的任何流程操作，以支持在安全上下操作限制中继续操作，这是一个正常的

操作任务。

Normalization of Deviance—a gradual erosion of standards of performance because of increased tolerance of nonconformance.

偏离正常化—由于对未达标的容忍度增加，绩效标准逐渐减弱。

O

Operating Procedures—written step-by-step instructions and associated information (cautions, notes, warnings) for safely performing a task within operating limits.

操作程序——书面步骤指令和相关信息（注意事项、备注、警告），用于在操作范围内安全地执行任务。

Outsourced Manufacturing—providing manufacturing services for a fee by a contractor to a company issuing a contract for those services. Services can include reaction processes, formulation, blending, mixing or size reduction, separation, agglomeration, packaging, repackaging, and others, or a combination of the above.

外包制造商——由一个承包商提供的收费性制造服务，并将这些服务以合同形式分包给一个公 司。服务可包括反应过程，配方，混合，搅拌或粉碎，分离，聚合，包装/重新 包装，和其他或以上服务的任意组合。

P

Performance Measure—a metric used to monitor or evaluate the operation of a program activity or management system.

绩效指标——用于监视或评估程序活动或管理系统的操作的度量

Personal Protective Equipment (PPE) —equipment designed to protect employees from serious workplace injuries or illnesses resulting from contact with chemical, radiological, physical, electrical, mechanical, or other workplace hazards. Besides face shields, safety glasses, hard hats, and safety shoes, PPEincludes a variety of devices and garments, such as goggles, coveralls, gloves, vests, earplugs, and respirators.

个人防护用品——旨在保护雇员免遭严重工伤或因接触化学、放射性、物理、电气、机械或其他工作场所危险而引起的疾病的设备。除了面罩、安全眼镜、安全帽和安全鞋外，给个人防护用品还包括各种设备和衣物，如护目镜、工作服、手套、背心、耳塞和防毒面具。

Pre-startup Safety Review (PSSR) —a final examination, initiated by a trigger event, prior to the use or reuse of a new or changed aspect of a process. It is also the term for the OSHA PSM and EPA RMP element that defines a management system for ensuring that new or modified processes are ready for startup.

开车前安全审查——在使用或重用某个过程的新的或更改的方面之前，由引发事件导致的最终检查。它也是美国职业安全与健康管理局 工艺安全管理和 美国环保局风险管理计划定义的一个管理系统，以确保新的或修改的过程适合安全启动。

Preventive Maintenance—inspection or testing conducted on equipment to detect impending or minor failures and restoring the proper condition of the equipment.

预防性维护——设备进行检查或测试，以检测即将发生或轻微故障并恢复设备的正常状态。

Process Flow Diagram（PFD）—a diagram that shows the material flow from one piece of equipment to the other in a process. It usually provides information about the pressure，temperature，composition，and flow rate of the various streams，heat duties of exchangers，and similar information pertaining to understanding and conceptualizing the process.

工艺流程图——一个图示，说明在一个过程中，从一个设备到另一个装置的物质流动。它通常提供有关各种流体的压力、温度、组成和流速的信息，换热器的热量，以及有关理解和概念化该过程的类似信息。

Process Hazard Analysis（PHA）—an organized effort to identify and evaluate hazards associated with chemical processes and operations to enable their control. This review normally involves the use of qualitative techniques to identify and assess the significance of hazards. Conclusions and appropriate recommendations are developed. Quantitative methods can be used to help prioritize risk reduction.

过程危害分析——有组织的努力，以确定和评估与化学过程和操作相关的危害，以使其控制。这项审查通常涉及使用定性技术来确定和评估危险的重要性。制定了结论和适当的建议。定量方法可用于帮助降低风险的优先级。

Process Safety Information（PSI）—physical，chemical，and toxicological information related to the chemicals，process，and equipment. It is used to document the configuration of a process，its characteristics，its limitations，and as data for process hazard analyses.

过程安全信息——化学品、工艺和设备有关的物理、化学和毒理学信息。它用于记录流程的配置、其特性、其限值以及过程风险分析的数据。

Q

Quality Assurance（QA）—activities performed to ensure that equipment is designed appropriately and to ensure that the design intent is not compromisedthroughout the equipment' s entire life cycle.

质量保证——一种活动，以确保设备的设计得当，并确保设计意图不会在整个设备的生命周期中受损。

R

Replacement in Kind—replacement that satisfies the design specifications.

更换——以满足设计规格的实物更换。

Risk—a measure of potential loss (for example, human injury, environmental impact, economic penalty) in terms of the magnitude of the loss and the likelihood that the loss will occur.

风险——在损失的幅度和发生损失的可能性方面，衡量潜在损失（例如，人身伤害、环境影响、经济处罚）

Risk Analysis—the development of a qualitative or quantitative estimate of risk based on engineering evaluation and mathematical techniques (quantitative only) for combining estimates of event consequences, frequencies, and detectability.

风险分析——基于工程评价和对事故频率、后果估计的数学技术而开展的风险定量评价的发展。

Risk Based Process Safety—the CCPS' s process safety management system approach, which uses risk-based strategies and implementation tactics that are commensurate with the risk-based need for process safety activities, availability of resources, and existing process safety culture to design, correct, and improve process safety management activities.

基于风险的过程安全——美国化工过程安全中心的过程安全管理系统的方法，它使用基于风险的战略和实施策略，与基于风险的过程安全活动的需要，资源的可用性，以及现有的过程安全文化，以设计，纠正和改进过程安全管理活动。

Risk Factor—along with the probability that an event will occur (risk) are those factors of behavior, lifestyle, environment, or heredity associated with increasing or decreasing that probability.

风险因子——伴随着事件发生的概率（风险），这些行为，生活方式，环境，或遗传相关的因素增加或减少的概率。

S

Safety Instrumented System (SIS) —the instrumentation, controls, and interlocks provided for safe operation of a process.

安全仪表系统——为过程安全操作所提供的仪器、控制和联锁

Scale-up—the steps involved in transferring a manufacturing process or section of a process from laboratory scale to the level of commercial production.

扩大——将生产过程或工序的部分从实验室规模转移到商业生产水平的步骤。

T

Trigger Event—any change being made to an existing process, or any new facility being added to a process or facility, or any other activity that a facility designated as needing a pre-startup safety review. One example of a non-change-related trigger event is performing a PSSR before restart after an emergency shutdown.

触发事件——对现有流程的更改，或添加设施到工艺过程，或指定为需要安全评审的任何其他活动。触发事件的一个示例是在紧急关闭后重新启动之前执行开车前安全检查。

U

V

Verification Activity—a test, field observation, or other activity used to ensure that personnel have acquired necessary skills and knowledge following training.

验证活动——测试、实地观察或其他活动，用于确保人员在培训后获得必要的技能和知识。

W

Worst-Case Scenario（WCS）—a release involving a hazardous material that would result in the worst（most severe）off-site consequences.

最坏情景——涉及有害物质的释放，导致最坏的（最严重的）场外后果。

X

Y

Z